고양이
생태의 비밀

고양이 생태학자가 7년간의 현장조사로 밝혀낸
고양이의 일생과 생존방식

고양이 생태의 비밀

야마네 아키히로 지음 | 홍주영 옮김

끄끄 Clema
클레마

차례

3장	고양이의 출생

벌써 20년도 더 이전의 일이다. 당시 대학원생이었던 나는 규슈 북부 현해탄에 떠 있는 아이노시마라는 조그마한 섬에서 길고양이의 생태를 연구했다. 작은 어촌이 있는 이 섬에는 200여 마리의 길고양이가 서식하고 있었다.

나는 이곳에 집을 빌려 지내면서 길고양이마다 이름을 붙여주고 약 7년 동안 이들을 관찰했다. 당시의 길고양이들 얼굴과 이름이 다양한 에피소드와 함께 아직도 기억에 선명하다. 길고양이들은 자기들이 살아가는 모습을 통해서 내게 많은 것을 가르쳐주었다.

이 책의 제목은 〈고양이 생태의 비밀〉이다. 고양이가 살아가는 방식을 다양한 관점에서 소개하고 그 비밀을 풀어나간다. 아이노시마에 사는 고양이들이 내게 가르쳐준 것도 이 책 곳곳에 풀어놓았다.

사람들은 고양이의 어떤 점에 매력을 느낄까?

내가 생각하는 고양이의 매력적인 모습을 몇 가지 들어보면 이러하다.

먼저, 마치 고민 따위 하나도 없다는 듯 천진난만하게 잠들어 있는 얼굴. 다음은 꼬리를 꼿꼿이 세우고 먹이를 달라고 조르는 모습. 하지만 바라던 걸 채우고 나면 딴 곳으로 몸을 홱 돌려버리는 너무나 무정한 태도. 내닫이창 너머로 가만히 밖을 응시하는 께느른한 표정. 놀 때나 일상적인 동작 속에 언뜻언뜻 보이는, 순식간에 먹잇감을 제압하는 사냥꾼으로의 신체능력. 사람의 영역 따위 인간이 제멋대로 정했을 뿐이라는 듯 당당하게 주택가를 누비는 길고양이의 모습, 그중에서도 내가 특히 좋아하는 그 뒷모습. 마치 신에게 계시라도 받은 듯 하루에 몇 번이고 눈을 가늘게 뜬 채 정성껏 그루밍하는 모습 등.

열거하자면 끝이 없다. 독자 여러분은 어떠한가?

여러분이 고양이에게서 느끼는 매력의 정수를 생각나는 대로 꼽아보면 대개 이런 것들이 아닐까 싶다. '유연'한 몸놀림. 여성이 화장법으로 모방할 정도의 '아름다움'. 잠든 얼굴에 어리는 천진무구한 '귀여움'. 일상생활이나 노는 동안 얼핏 드러나는 '정靜과 동動'의 절묘한 조합. 개와 다르게 주인에게조차 '알랑거리지 않는' 태도. 그리고 '기민한' 행동. 집단행동을 싫어하며 '자유'롭고 '마음 내키는 대로', 어디까지나 '자기 방식대로'인 행동거지. 끝으로 가장 큰 매력은 역시 자신이 키우는 고양이라고 해도 결코 완전하게 이해할 수 없는

'신비로움'이 아닐까?

본문에 자세히 서술하겠지만 최근 연구에 따르면 고양이가 인간의 곁에서 살기 시작한 것은 지금부터 약 1만 년 전부터이다.

인류가 고양이와의 생활을 시작한 이유 중 하나는 당연히 쥐를 구제하기 위해서였다. 그러나 이런 실리적인 이유만이 전부가 아니다. 고대 이집트 시대의 유물로 미루어 짐작할 수 있듯이 사람들은 고양이의 '아름다움'과 '유연함'에도 크게 매력을 느껴 고양이와 함께 살기를 열망했다.

그리고 오늘날 나를 비롯해 조직에 속한, 세상의 직장인들은 귀엽고 아름다운 고양이의 자태에 매료될 뿐만 아니라 아무에게도 알랑거리지 않으며 자유분방하게 살아가는 고양이의 삶 자체를 동경하는 것이 아닐까? 외딴섬에서건 사람들이 밀집한 도회지에서건 마음 내키는 대로 살아가는 길고양이들의 본연의 모습을 담은 사진집이 항간에 널리 인기를 끌고 있는 것도 그런 이유에서가 아닐까?

동서고금에 공통된 고양이의 가장 큰 매력은 뭐니 뭐니 해도 그 존재 자체가 내뿜는 '신비로움'에 있다. 고양이 연구자인 내가 고양이의 신비의 베일을 하나하나 벗기려고 해도 그 비밀은 더욱더 깊어지기만 한다. 예를 들어 '고양이 집회'라는 기묘한 현상이 세계 각국의 연구자들로부터 보고되지만 아직 아무도 그 이유를 명확히 밝히지 못하고 있는 실정이다.

이 책에서는 이렇게 매력적인 '고양이의 생존 방식'을 동물학, 생태학, 유전학 같은 과학 분야를 아우르는 다양한 관점에서 조금씩 규명하려고 한다.

'고양이의 생존 방식'을 이해하면 우리가 키우는 반려묘는 물론 길에서 만나는 길고양이도 더욱 사랑스럽고 빛나는 존재로 여기게 될 뿐 아니라 우리의 삶과 일상을 훨씬 풍요롭고 멋지게 해줄 힌트를 얻을 수 있을 것이다.

1장

고양이 소사(小史)

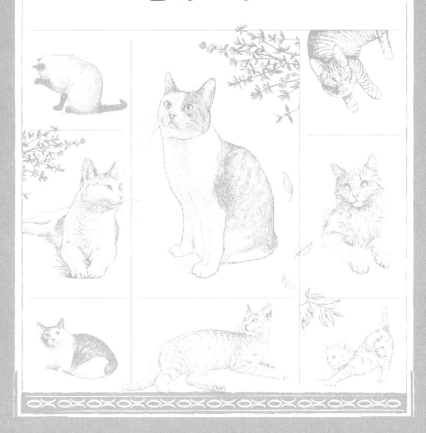

고양이의 조상

여러분은 '고양이'라는 단어를 들으면 무엇이 가장 먼저 떠오르는가?

고양이를 키우는 사람이라면 자신의 사랑하는 고양이를 떠올리고 살짝 미소를 띨지 모른다. 혹은 예전에 고양이를 길렀던 사람이라면 그 고양이를 떠올리며 조금 쓸쓸한 감상에 젖을지 모른다.

또 고양이를 기른 적이 없는 사람은 일본인에게 아주 친숙한 TV 만화 〈사자에 씨〉*에 나오는 이소노 가족의 집고양이 '타마'나 혹은 주위를 배회하는 길고양이의 자유분방한 모습을 떠올릴 수도 있다.

※　하세가와 마치코의 만화를 원작으로 만들어 후지TV가 장기 방영 중이다.

만약 이리오모테살쾡이나 쓰시마살쾡이가 가장 먼저 떠올랐다면 그 사람은 평소 지구환경과 희귀동물의 멸종을 걱정하는 사람일 것이다.

또 사자, 호랑이, 표범, 기타 고양잇과 동물을 떠올린다면 분명 그는 동물원 관련 업무에 종사하거나 나 같은 동물학자일 것이다.

이 책에서는 집고양이와 길고양이를 아울러 '고양이'라고 부르고, 머리말에 언급했듯이 집고양이와 길고양이들의 훌륭한(?) 삶의 방식에 관해 이야기한다.

본격적인 내용에 들어가기에 앞서 1장에서는 '고양이'가 인류 곁에서 살게 된 내력과 세계 각지로 퍼져나간 과정, 그리고 각 지역에서 고양이와 '사람'이 어떤 관계를 쌓아왔는지를 살펴본다.

처음에는 조금 딱딱한 이야기가 계속된다고 생각할 수 있지만 고양이의 역사를 알고 나면 우리 주변에 있는 고양이들과, 고양이와 사람이 약 1만 년에 걸쳐서 쌓아온 관계가 한층 더 소중하게 느껴질 것이다.

가정에서 기르는 '집고양이'와 마을을 자유분방하게 돌아다니며 살아가는 '길고양이', 그리고 외딴 숲속이나 무인도 등지에서 사냥하며 살아가는 '들고양이'도 생물학적으로는 모두 '집고양이'라는 같은 종의 동물이다. 영어로는 domestic cat, 만국공통인 라틴어 학명은 *Felis catus*이다.

그 밖에도 고양이의 생활방식이나 인간의 관점 차이에 따라 일컫는 '지역 고양이'와 '마을 고양이'*, 그리고 '밖 고양이'**, 또 최근에는 '섬 고양이'도 있다. 이들도 모두 같은 '집고양이'라는 종 안에 포함된다.

수많은 고양이들이 본문에 나오다 보니 저자인 나도 솔직히 때때로 혼란스럽다. 독자 여러분은 훨씬 더 할 것이다. 그래서 이 책에서는 독자의 이해를 돕기 위해 생활방식 등에 따라 특별히 구분해서 설명해야 하는 상황이 아니라면 다양한 이름의 고양이들을 통틀어 '고양이'라고 쓴다.

고양이는 언제부터 인류와 교류를 맺기 시작했을까? 고양이라는 생물은 오랜 옛날부터 우리 인간 곁에서 살고 있었을까? 먼저 이 이야기부터 시작해보자.

사실 고양이라는 동물은 인류가 탄생한 시점에는 지구상에 존재하지 않았다. 고양이는 인간이 오랜 시간을 지나면서 만들어낸 개, 돼지, 그리고 소와 닭 같은 '가축'의 일종이다. 개는 늑대, 돼지는 멧돼지에서 유래한 것처럼 고양이도 인간이 고양잇과의 어떤 야생동물을 키우며 오랜 세월에 걸쳐서 오늘날의 고양이로 서서히 진화시

---

*   지역 주민들이 공동으로 사육·관리하는 고양이
**   실외에서 기르는 집고양이

리비아고양이

켰다.

그러면 고양이의 원형은 어떤 동물이었을까?

고양이의 조상 후보로 추정되는 동물에는 유럽살쾡이Felis silvestris catus 와 리비아고양이Felis silvestris lybica 등 현존하는 몇몇 종의 야생 고양이가 오래전부터 꼽혀왔다. 전 세계의 수많은 연구자들이 이들의 몸과 뼈 구조, 행동과 성격, 고고학적 증거 등을 조사하고 최근에 DNA 유전 자도 비교 감식한 결과 고양이의 조상인 야생동물은 리비아고양이 라는 결론에 이르렀다.

리비아고양이는 아프리카 북부에서 중동, 더 멀리는 서아시아 지역까지 분포하는 야생 고양이이다. 주로 반사막지대나 초원지역에 서식하며 들쥐나 들새 등 작은 동물을 잡아먹는다. 몸 크기는 대개 고양이와 비슷하지만 조금 더 큰 것도 있고, 털 모양은 엷은 줄무늬를 하고 있다. 간혹 길고양이들 중에도 털 무늬가 아주 비슷한 놈을 길에서 맞닥뜨리곤 한다.

'고양이'라는 종은 어떻게 탄생했을까?

인류와 리비아고양이의 교류는 대략 다음과 같은 배경에서 시작되었을 것으로 추측된다.

인류는 수렵과 채집 중심의 생활을 거쳐 농경생활을 시작하면서 집락을 만들어 정착하기 시작했다. 수확기에 거둔 보리 따위 곡물은 집안이나 창고에 저장했을 것이다.

그런데 들판에 서식하며 그 곡물을 노리는 생쥐에게 곡물창고는 먹이와 살 곳이 보장된, 말 그대로 천국이었다. 쥐들은 점점 번식해서 당시 사람들의 생활에 막대한 피해를 주었을 것이다. 이 때문에 '인류'와 '고양이'는 서로에게 필요하게 되었고 이것이 기나긴 교류를 시작하는 계기가 된 것이다.

초원에 살았던 리비아고양이가 인간 마을에 만연한 쥐를 노리고 인간의 생활권에까지 들어오게 되었다. 이 야생 고양이에게는 쥐뿐만 아니라 사람들이 내놓는 쓰레기도 매력적이었을지 모른다.

이렇게 리비아고양이는 먹이를 찾아 제 발로 인간의 거주지역을 들락거리며 근방에 하나둘 정착했을 것이다. 인간도 이 야생 고양이가 적이 아니라 오히려 도움이 되는 동물임을 일찌감치 눈치챘을 것이다. 또 어쩌면 당시부터 이미 인간은 고양이의 아름다운 매력에 이끌리기 시작했을지도 모른다.

사람이 쥐를 퇴치해주는 유익하고 아름다운 이웃을 옆에 두고 싶다고 생각한 것은 조금도 이상하지 않다.

그러나 오늘날의 집고양이처럼 길들이기까지는 역시 대단히 오랜 시간이 걸렸을 것이다. 인간이 야생에서 나고 자란 리비아고양이를 길들이기란 불가능하다. 아마 처음에는 갓 태어나 눈이 채 떠지지도 않는 새끼 고양이를 주워와 사람 손으로 키우는 것부터 시작했을 것이다. 그리고 그중에서도 성격이 온순하고 사람을 잘 따르는 놈을 선별해서 길렀을 것이다.

성질이 온순한 야생 고양이끼리 번식시켜서 더 온순한 고양이를 만들 수 있다면 가장 이상적이지만 이는 너무나 힘든 작업이었음을 상상할 수 있다. 인간이 자유롭게 제멋대로 돌아다니는 고양이의 번식을 제어한다는 것은 지극히 어려운 일이기 때문이다. 오늘날의 집고양이조차 발정하면 틈새를 엿보다가 집 밖으로 뛰쳐나가 자신이 고른 상대와 번식하려고 한다.

사람에게 길들기 쉬운 성격의 야생 고양이를 어렵사리 선별했다고 해도 번식할 상대까지 사람이 제어할 수는 없기에 단기간에 가축화가 진행될 수는 없었을 것이다.

그래도 사람이 온순한 고양이를 계속 선택할수록 사람의 거주지역과 그 주변에 사는 리비아고양이들 중에 성격이 온순하고 인간에게 길들기 쉬운 놈이 점차 많아졌을 것이다. 그리고 오랜 시간을 거쳐서 지금처럼 인간과 함께 생활할 수 있는, 고양이라는 동물로 변해 갔을 것이다.

고양이의 가축화 과정에서 흥미로운 점은 쥐에 대한 이해관계를 둘러싸고 인간만이 고양이에게 다가간 게 아니라 고양이 쪽에서도 인간에게 다가갔다는 것이다.

이런 사례는 다른 가축에게서는 거의 찾아볼 수 없다. 오늘날 고양이와 사람의 밀월관계는 처음 만났을 때부터 이미 시작되었다고 볼 수 있다. 고양이와 사람이 만나 교류해온 내력을 알고 나니 왠지 고양이가 더욱더 사랑스럽게 느껴지지 않는가?

고양이의
가축화는 언제, 어디서
시작했을까?

그러면 언제, 어디서 리비아고양이에서 '고양이'로 가축화가 시작되었는가 하는 이야기로 들어가 보자.

아주 최근까지만 해도 고양이의 가축화는 지금부터 약 4,000년 전 고대 이집트에서 최초로 이루어졌다는 것이 정설이었다. 비옥한 나일강 유역은 당시 드넓은 곡창지대로 농작물을 갉아먹는 쥐의 천적이 마땅히 필요했기에 이 일대를 고양이의 발상지로 간주한 것은 이상한 일이 아니다.

또 고대 이집트 유적의 벽화를 살펴보면 3,500년 전경부터 고양이가 자주 등장한다.

시대가 흐른 뒤 고대 이집트인은 고양이를 바스테트라는 여신으로 추앙하고 고양이가 죽으면 미라로 만들어서 정중히 장례를 치르는 등 고양이를 특별히 소중한 존재로 여겼다. 이런 사실로 미루어 고양이의 기원을 고대 이집트에서 찾는 것은 지극히 자연스러워 보인다.

그러나 이번 세기에 들어와서 지금까지의 정설을 뒤엎을 만한 사실이 밝혀져 큰 충격을 안겨주었다. 그것은 키프로스 섬에서 발견된 신석기 시대 유적이었다.

키프로스 섬은 지중해 동쪽에 떠 있는 섬으로 고대 지중해 무역의 중계 지역으로 번창했던 곳이다. 지중해를 끼고 서쪽에 그리스와 로마, 북쪽에 터키, 동쪽에 시리아, 그리고 남쪽에는 이스라엘이 키프로스 섬을 에워싸듯 자리하고 있어 세계사를 좋아하는 사람에게는 아무래도 뭔가 있을 법한 분위기를 자아내는 섬이라고 할 수 있다.

이 키프로스 섬의 실루로캄보스라는 마을의 9,500년 전 유적에서 무언가가 발견되었다. 2004년에 새끼 고양이와 사람이 함께, 그것도 머리를 같은 방향으로 향하고 매장되어 있는 유골이 발견되었다. 사람과 함께 매장되어 있던 고양이는 생후 8개월로 추정되는 리비아고양이였다. 발견 당시 인골 바로 곁에 있던 모습으로 보아 이 새끼 고양이가 사람에게 특별한 존재였음을 짐작할 수 있다.

또 돌도끼와 부싯돌 따위 도구들이 그 자리에서 함께 발견된 것으로 미루어 고양이도 당시 생활에 필요불가결한 존재로 여겨졌으리라고 추정할 수 있다.

이 시기에 고양이의 가축화가 완료되지는 않았다고 해도 이미 사람과 야생 고양이의 공동생활이 시도되었음을 보여준다는 점에서 키프로스 섬의 유적은 귀중한 발견이다.

그러나 리비아고양이에서 고양이로의 가축화가 키프로스 섬에서 최초로 시작된 것 같지는 않다. 키프로스 섬에는 원래 야생 고양이가 서식하지 않았기 때문이다. 따라서 고양이 가축화의 중간 단계인 이 리비아고양이의 새끼 고양이는 주위의 어느 지역에선가 유입된 것으로 볼 수 있다. 그렇다면 어디에서 유입되었을까? 더 나아가 고양이 가축화는 어디서 최초로 시작되었을까?

지금으로부터 약 9,000년에서 1만 년 전에 인류는 키프로스 섬에서부터 지중해 너머의 메소포타미아 지역(현재 이라크 부근)에 걸쳐 농경과 정착생활을 시작한다. 이는 시대적으로 고대 이집트보다 수천 년이나 앞서 있다. 이 시기가 키프로스 섬의 실루로캄보스 마을 유적의 추정연대와 보기 좋게 맞아떨어진다. 이 때문에 농경생활을 시작하면서 동시에 쥐에 대한 대책이 필요해진 메소포타미아 지역에서 고양이의 가축화가 시작되었고 그것이 키프로스 섬을 비롯한 주변 지역에도 유입되었을 것으로 추측된다.

지금으로부터 약 1만 년 전 지금의 이라크에 해당하는 티그리스강과 유프라테스강 유역의 비옥한 메소포타미아 땅에서 쥐떼로 인한 피해에 골머리를 앓던 인류와 쥐를 좋은 먹이로 삼는 야생 고양이의 이해관계가 맞물려 만남이 이루어졌다. 그리고 둘 사이에 함께 살아가는 '계약'이 맺어진 것이다. 현재까지 이것이 고양이 가축화의 시초로 보인다.

메소포타미아를 포함한 중동 일대는 현대에도 여전히 커다란 영향을 미치고 있는, 다양한 역사적 사건의 백화점 같은 지역이다.

예컨대 일설에 따르면 신과 인류가 최초로 계약을 맺었다는 에덴동산이 메소포타미아 지역에 있다고 한다. 또 중동은 세계 종교 인구의 과반수를 차지하는 기독교, 이슬람교, 그리고 그들의 원형인 유대교라는 세 종교가 번성한 곳으로 구약성서와 신약성서의 무대이기도 하다.

이처럼 역사적으로 아주 뜨거운 지역에서 인류와 고양이가 만나고 오래도록 함께하는 관계가 시작되었다는 사실에서 나는 단순한 우연으로 보기에는 석연치 않은, 뭔가 운명적인 것을 느낀다. 고양이라는 생물은 가축화가 시작된 내력에서도 기이함을 자아낸다.

고대 이집트인에게
추앙받다

고양이와 인류가 최초로 만난 곳을 메소포타미아에 내어주기는
했지만 고대 이집트는 오늘날 우리의 상식이나 감각과는 매우 동떨
어진, 독특하고 극단적인 고양이와의 관계가 형성된 시대였다. 여기
서 고대 이집트인과 고양이의 관계를 언급하지 않을 수 없다.

고양이가 고대 이집트 회화에 자주 등장하게 된 시기는 기원전
1450년경(지금부터 약 3,500년 전)인 이집트 제18왕조 무렵부터이다.
당시 그려진 테베 유적 벽화를 살펴보면 의자 다리에 줄로 매인 고양
이와 그 옆에 먹이가 담긴 그릇이 놓여 있는 그림이 있다. 또 고양이
가 생선을 받아먹거나 뼈를 물고 있는 모습, 원숭이(개코원숭이) 등 다
른 애완동물과 함께 놀고 있는 모습이 그려진 것도 있다. 이들 그림

으로 미루어 적어도 이 시기에는 고양이의 가축화가 거의 완성되었고 오늘날과 거의 다름없이 사람이 고양이를 길렀다는 것을 짐작할 수 있다.

고대 이집트인은 동물에 대해 현대인의 감각과 다른 어떤 특별한 감정을 지녔던 듯하다. 이들은 여러 동물을 신성시하여 신과 여신의 화신으로 삼았다. 예를 들어 사자, 하마, 망토개코원숭이, 자칼, 대머리독수리, 코브라, 악어, 개구리 등은 물론이고 고양이도 예외가 아니었다. 심지어 몇몇 동물을 신과 여신으로 간주해 광신적 종교(컬트)로까지 발전하기도 했다. 그중 하나가 '바스테트'라고 지칭하는 '고양이 여신'이다.

바스테트는 나일강 델타 지대에 있는, 당시 부바스티스(Bubastis, 오늘날 이집트의 텔바스타)라는 한 지방 도시의 여신이다. 바스테트는 기원전 2800년 무렵에만 해도 암사자의 머리에 인간 여성의 몸을 한 형상으로 성애, 다산, 양육 등 번식의 상징으로 숭배되었다.

이 바스테트 신앙은 이집트의 다른 도시에도 퍼져나가 각 지방 도시의 여신과 융합되거나 혹은 동일시되기도 하면서 점차 변해나갔다. 신화에는 태양신 라Ra의 딸이라든지 복수의 신 세크메트와 표리를 이루는 동일 신으로 나오기도 하고, 그 모습도 암사자에서 고양이로 변용되었다.

바스테트 신앙은 서서히 열광적인 종교로까지 발전하였는데, 그리스의 역사가인 헤로도투스가 기원전 450년에 바스테트 신전이 있던 부바스티스를 방문하여 이 컬트집단의 광신적인 광경을 『역사』에 기록하였다. 이에 따르면 해마다 4월에서 5월 사이에 바스테트 여신(그리스에서는 아르테미스와 동일시된다)을 기리는 축제에 70여만 명의 순례자가 나일강을 따라 배를 타고 부바스티스의 신전으로 모여들었다. 도중에 들르는 강변 마을에서는 음악에 맞춰 남녀 순례자들이 노래하고 춤을 추며 심지어 옷을 벗어 던지고 벌거숭이가 되기도 하는 등, 너무나 기묘한 분위기였던 듯하다.

고대 이집트에서는 많은 사람이 고양이를 애완동물로 길렀고 고양이가 죽으면 가족 모두가 눈썹을 밀고 상복을 입었다고 한다. 고양이의 사체는 방부 처리한 미라로 만들어 고양이 전용 지하 공동묘지에 안치했다. 고양이 묘지는 바스테트 여신의 발상지인 부바스티스뿐 아니라 베니 하산과 사카라 등 이집트 각지에서 발견된다. 이들 묘지의 존재는 고양이의 형상을 한 바스테트 여신 신앙이 나일강 유역 일대에 널리 퍼져 있었음을 뒷받침해준다.

1888년에 당시의 묘지 중 하나가 우연히 발견되어 다량의 '고양이 미라'가 출토되었다. 영국의 어느 사업가가 이를 밭농사용 비료로 활용하겠다는 아이디어를 짜내고 약 19톤, 즉 8만 마리 정도로 추정되는 고양이 미라와 뼈를 맨체스터로 들여갔다. 하지만 이 비료는 혹평을 받았고 사업은 완전히 실패했다고 한다. 이때 들여온 고양이 미라 중 단 한 개의 두골이 현재 대영박물관에 남아 있다고 전해진다. 돈에 눈이 어두운 어리석은 인간의 소행이라고는 해도 소중한 역사적 유산이자 고양이와 사람의 깊은 관계를 보여주는 값진 증거가 이처럼 소홀히 취급된 것은 참으로 아쉬운 일이다.

고대 이집트인은 고양이를 소중하게 다루었는데 의도하지 않았어도 고양이를 죽게 하면 사형에 해당했다. 그 때문에 당시 사람들은 고양이가 죽는 것을 보면 죄를 덮어쓸까 두려워 그 자리에서 줄행랑쳤다고 한다. 게다가 화재가 발생하면 사람들은 불을 끄려고 힘쓰기보다 불이 난 집 둘레를 같은 간격으로 에워싸고서 고양이가 불 속으로 뛰어들지 않도록 감시했다고 한다.

고대 이집트 시대에 고양이는 인간의 일방적인 믿음이긴 하지만 존중받고 추앙받았으며, 또 현재의 우리에게는 믿기지 않을 정도로 귀하게 여겨졌다. 그것은 고대 이집트인들이 고양이가 쥐를 퇴치해준다는 실리적인 가치를 훨씬 뛰어넘어 고양이가 지닌 '아름다움'과 '유연함', '다산', 그리고 무엇보다도 '신비로움'을 무척 긍정적으로 받아들인 결과이다.

그러나 이후 고양이가 출애굽 말기에 전 세계로 전해져서 현재에 이르는 동안 고양이가 지닌 특징이 꼭 긍정적인 관점에서만 다루어진 것은 아니다. 다음에 서술하는 중세 유럽의 암흑시대에는 고양이가 마녀의 심부름꾼으로 인식되어 박해를 당하기도 했다.

고양이의 가축화가 시작된 지역인 메소포타미아와 가축화가 이루어진 시기인 고대 이집트에서 언제, 어떻게 고양이가 세계로 퍼져나갔는지는 당시 문헌, 회화 또는 발굴된 유적으로 미루어 추정할 수밖에 없다.

　고대 이집트는 고양이의 국외 반출을 허용하지 않았다. 심지어 지중해 연안 국가들에 사신을 파견해 상인들이 밀반입한 고양이를 이집트로 회수해 올 정도로 집요했다고 한다. 그럼에도 불구하고 당시 교역의 중심 수단인 배를 이용하면 이미 수많은 고양이가 사육되고 번식되던 이집트에서 고양이를 반출하는 일은 그다지 어렵지 않았을 것이다.

고대 그리스 사료를 살펴보면 지금부터 약 2,500년 전의 대리석 부조에 고양이가 등장한다. 이 부조에는 줄에 매인 고양이와 개가 마주 서 있고 사람이 이 둘을 겨루게 하려는 모습이 새겨져 있다. 고양이가 이 시대에 인간에게 어떤 취급을 받았는지는 제쳐두고라도 적어도 이 무렵에 고양이가 그리스에 유입되어 있던 것만은 분명해 보인다.

고대 로마로 넘어오면 지금부터 약 2,000년 전에 대 플리니우스가 쓴 『박물지Naturalis Historia』에 고양이의 행동에 관한 기술이 있다. 또 이와 비슷한 시대에 제작된 것으로 보이는, 새를 단단히 누르고 있는 고양이의 모자이크화가 로마나 베수비오 화산의 화산재에 뒤덮인 폼페이 유적에서 발견된다. 이 시기에 이르면 고양이는 로마 주위에서 흔히 볼 수 있는 동물이었던 것 같다.

대단히 흥미롭게도 고대 그리스나 로마 사람들은 고양이 본연의 쥐를 잡는 능력을 그다지 평가하지 않았던 듯하다. 쥐 잡기는 오로지 길들인 페럿(족제비과 동물)의 몫이었다. 이 같은 이유도 있어서인지 고대 그리스와 로마 지역 사람들은 고대 이집트에 비해 고양이를 그렇게 적극적으로 기르지 않았던 것 같다.

고양이를 키우는 목적이 무엇이었든 로마제국의 군대 원정과 영토 확장으로 고양이는 유럽 전역으로 퍼져나갔다. 지금부터 약 1,000

년 전 유럽 대부분 지역에 전해졌고, 인도나 중국에 전해진 것은 약 2,000년 전이라고 한다.

11세기 무렵 유럽에서는 십자군 원정대가 타고 돌아온 배에 함께 실려 온 곰쥐가 만연하기 시작했다. 곰쥐는 생쥐보다 훨씬 큰 종으로 현재 일본에서 천장 속이나 빌딩가에서도 볼 수 있는 쥐이다.

유럽 사람들은 쥐를 퇴치하는 고양이의 능력을 재빨리 알아차렸고 고양이는 사람들로부터 칭송받으며 유용한 존재로 여겨지게 되었다. 그 증거로 이 시기에 만들어진 대성당과 교회에서 수많은 고양이 조각을 볼 수 있다.

그러나 고양이에게 평화로운 시절은 그리 오래가지 않았다. 그리스도교가 유럽에서 세력의 중심으로 자리잡자 이교도가 신성시하는 고양이는 증오의 대상이 되기 시작하였고 그 정도도 갈수록 심해졌다. 이 시대에는 고양이가 지닌 신비로운 측면이 '매력'이 아니라 무언가를 획책하는 '섬뜩함'으로 받아들여진 것도 박해의 원인이 되었을 것이다.

그리스도교가 주류인 사회에서 고양이가 신약성경에 한 번도 언급되지 않는 사실도 박해의 바탕에 깔려 있는 듯하다. 16세기에 접어들어 마녀재판이 시작되면서 고양이는 마녀의 화신 혹은 그 시종으로 여겨져 마녀로 의심받는 여성과 함께 화형에 처해졌고, 수많은 고양이들이 학살되었다. 유럽에서 고양이에 대한 박해는 18세기까지 계속되었다.

사람과 고양이가 만난 지 1만 년이 지나는 사이에 고양이는 인간의 일방적인 형편에 따라 신성한 생물로서 이상할 정도로 소중히 다루어진 시대가 있었는가 하면, 거꾸로 악마의 시종이라는 누명을 쓰고 학대당한 시대도 있었다.

'사람'과 '고양이'의 역사를 되돌아보면 좋든 싫든 인간이라는 생물의 이기주의가 뚜렷이 드러난다. 현대 사회에서 사람과 고양이의 관계에 문제가 생긴다면 우리는 먼저 고양이와 관계를 맺어온 역사를 되돌아보고 우리 자신에게 잘못이 없는지 한번쯤 진지하게 반성해야 할 것이다.

일본에는
언제
유입되었을까?

　일본에 언제 어떻게 고양이가 전해졌을까? 일설에는 불교 경전과
함께 바다를 건너 중국에서 들여왔다고 한다. 쥐가 경전을 갉아먹지
못하도록 고양이를 함께 들여왔다는 설명이 아주 명쾌하고 흥미롭다.
　일본 최초로 고양이가 소개된 책은 『일본서기』와 『고사기』 같은
이름난 서적이 아니고 좀 더 훗날에 쓰인 『관평어기寬平御記』라는 우다
천황宇多天皇이 쓴 일기이다.
　이 일기는 당시 고양이의 몸의 특징, 행동, 습성 등을 아주 자세히
서술하고 있다. 이를 통해 당시 고양이가 당나라에서 들여온 귀한 동
물로 소중하게 길러졌음을 짐작할 수 있다.
　이 일기가 일본 헤이안 시대인 889년에 쓰였으니 이 무렵에는 이

미 고양이가 일본에 있었던 것이다. 따라서 고양이가 일본에 최초로 유입된 것은 약 710~810년 사이 중국을 통해서라는 게 지금까지의 정설이었다.

2007년에 새로운 사실이 밝혀졌다. 효고현 히메지시 미노 고분에서 '고양이 발자국'이 찍힌 도기가 발견된 것이다. 발자국은 부장품인 스에키라는 토기 안쪽에 남아 있었다. 그릇을 굽기 전에 건조하는 과정에서 생긴 것으로, 당시 작업장에 고양이가 있었음을 말해준다. 이 스에키는 일본 아스카 시대인 6세기 말에서 7세기 초에 만들어졌으므로 그때 고양이가 일본에 있었던 것이다. 말 그대로 역사에 족적을 남긴 이 고양이는 당시 사람들과 어떻게 살았을까?

게다가 최근에 발견된 사실이 또 하나 있다. 아스카 시대에 전래된 불교보다 훨씬 앞서서 고양이가 일본에 들어왔을 가능성을 뒷받침하는 증거가 나가사키현 이키노시마의 가라카미 유적에서 발견되었다. 이 유적에서 대구와 복어 등 여러 종류의 물고기와 뱀, 멧돼지, 사슴에 섞여 있는 고양이로 추정되는 뼈도 발견되었다.

시대 추정 결과 지금부터 약 2,100년 전의 것으로 판단된다. 이는 지금까지 추정하던 것보다 훨씬 이전에 고양이가 일본에 들어왔다는 뜻이다. 물론 이웃한 쓰시마 섬의 야생 고양이가 유입되었을 가능성도 있다. 인류와 고양이의 교류 역사는 이런 발굴조사 결과를 통해 앞으로도 계속 새로운 사실이 밝혀질 터라 더욱 기대가 크다.

일본 고양이의 털 무늬

교토대학 영장류연구소의 전 소장인 노자와 켄 선생은 일본 전국뿐만 아니라 전 세계 고양이의 털색 유전자의 비율을 조사한 사람이다. 노자와 선생은 고양이를 한눈에 보기만 해도 몇 가지 털색 유전자를 즉각 판별할 수 있다. 나는 아직 그 경지에 이르지는 못했다. 노자와 선생이 조사한 고양이 수는 수만 마리에 이른다.

요즘 애완동물 가게에 가면 수많은 외국 고양이 품종을 볼 수 있다. 러시안블루, 메인쿤, 소말리, 아메리칸쇼트헤어, 아비시니안, 히말라얀 등 정말 많은 품종이 있다. 이 고양이들은 토종 일본 고양이에게는 없는 다양한 털색과 털 무늬 유전자를 갖고 있다.

그러면 옛날 일본 고양이의 털 무늬는 어땠을까? 노자와 선생은 오늘날의 '살아 있는 고양이'뿐 아니라 옛 회화에 그려진 고양이들의 유전자도 판별했다.

노자와 선생은 800년경부터 현대까지 일본에서 그려진 564점에 이르는 회화를 조사했다. 그의 연구에 따르면 헤이안 시대에서 가마쿠라 시대(두 시대는 794~1333) 사이에 그려진 그림에는 온몸이 새하얀 고양이와 주황색 털이 섞인 고양이는 없었다. 이런 털 무늬를 가진 고양이가 그림에 등장하기 시작한 것은 무로마치 시대(1336~1573)부터이다.

무로마치 시대 이전 그림에는 검정 혹은 갈색(짙은 갈색의 얼룩무늬), 그리고 배 쪽에 흰색 털이 난 고양이가 주류였다.

또 대표적인 삼색 털 고양이와 짧은 꼬리 고양이가 우키요에浮世繪 등에서 자주 눈에 띄는 것은 에도 시대(1603~1867)에 들어서부터이다.

그리고 메이지유신(1868) 이후 소용돌이 모양 줄무늬를 띤 아메리칸쇼트헤어나 샴고양이 등 이른바 '서양 고양이'가 회화에 등장하기 시작하는데 유럽이나 미국과의 교역을 통해 일본에 들어왔을 것으로 추측된다.

이처럼 시대가 흐름에 따라 고양이 털 무늬의 종류도 점차 다양해졌다. 외국과의 교역을 통해 고양이도 간헐적으로 일본에 유입되었을 것이다. 그림 속 고양이들을 통해 일본 고양이의 역사도 알 수 있다.

2장

신비한 매력은 어디서 나오는가

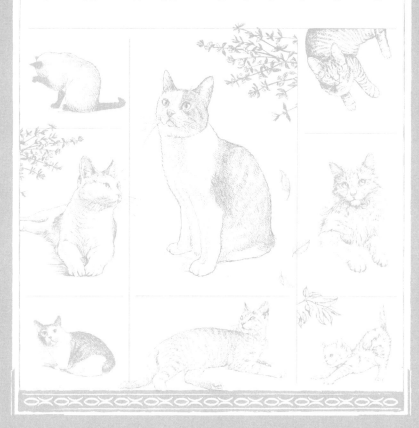

인간과의
특별한 관계

　고양이는 신비로운 생물이다. 소, 돼지, 개처럼 인간이 만들어낸 가축이지만 줄을 매 키우지도 않고, 모습은 그의 조상인 야생 고양이와 거의 같다. 인류와 교류한 지 1만 년이 지나는 동안에도 야생 사냥꾼의 뛰어난 능력을 조금도 잃어버리지 않고 여전히 유지하고 있다. 인간은 고양이의 이런 야생적인 모습과 능력에서 매력을 느끼는 게 아닐까?

　이 장에서는 우리를 끊임없이 끌어당기는 고양이의 매력은 무엇인지 그 정체를 동물학, 생태학, 행동학, 생리학 등 여러 측면에서 규명하려고 한다.

　우리가 고양이에게서 느끼는 매력인 유연함, 우아함, 아름다움은 결코 인간의 비위를 맞추기 위한 게 아니다. 고양이가 순식간에 먹잇감을 잡기 위해 극한의 경지까지 진화한 결과의 부산물이다.

우리는 평소 여러 가축에게 신세를 지고 있다. 날마다 식탁에 오르는 육류는 주로 소, 돼지, 닭 등 가축의 고기이다. 특히 소는 고기는 물론이고 젖으로 치즈, 버터, 요구르트 등의 가공식품도 제공해준다.

인류는 식량 외의 용도로도 가축을 사육한다. 울 스웨터는 양의 털로, 실크 손수건은 누에의 고치로, 구두나 핸드백 등의 가죽제품은 주로 소와 돼지의 가죽으로 만든다.

자동차 사회인 오늘날 선진국 도시에는 거의 볼 수 없게 되었지만 말, 나귀, 낙타는 운반과 수송을 맡는 중요한 가축이었다. 특히 아라비아의 외봉낙타는 '사막의 배'라고 부를 정도로 보름 가까이 물을 전혀 마시지 않아도 사막 여행이 가능한, 연비가 무척 훌륭한 가축이다. 지금도 동남아시아 지역 중에는 농경에서 물소를 빼놓을 수 없는 곳이 많다. 이처럼 짐이나 사람을 운반하고 농사일을 돕는 등 인간에게 노동력을 제공하는 가축도 있다.

또 곰쥐와 생쥐처럼 실험에 쓰이는 동물도 있다. 신약이 개발되면 약효와 안전성을 검증하는 과정을 거쳐 인간이 최종적으로 혜택을 받게 되는데, 그 또한 실험동물들이 목숨으로 대가를 치렀기 때문이다.

더 나아가 사람의 마음을 편안하게 해주는 애완동물로서의 가축도 있다. 햄스터나 잉꼬도 이에 해당된다. 개와 고양이도 오늘날에는 애완동물 혹은 반려동물로 인간에게 즐거움과 위안을 주고 있다. 하지만 이들이 처음부터 애완동물로서 길러진 것은 아니다(부분적으로는 그랬을지도 모르지만).

개는 수렵의 파트너이자 양이나 염소 등 다른 가축의 관리자(목양견) 역할을 했고, 심지어는 식용으로 쓰이기도 했다. 고양이는 쥐 구제가 가축화의 가장 큰 목적이었다. 이처럼 인류가 가축을 기르는 이유는 가축의 특성에 따라 제각기 다르다.

어느 가축이든 원형이 되는 야생동물(원종)이 존재한다. 돼지의 원종은 멧돼지이고, 소는 오로크스(멸종 동물), 닭은 야계野鷄, 실험동물로 주로 쓰이는 마우스는 생쥐, 개는 늑대에서 비롯된 것이다.

인류는 야생종이 제각기 목적에 맞는 가축이 되도록 오랜 기간에 걸쳐서 동물의 모습과 성질을 서서히 변화시켰다. 예컨대 돼지의 경우는 성장이 빠르고 육질이 좋은 어미를 고른다거나 개는 인간의 지시를 잘 따르고 충실하게 일을 해내는 순종적인 개체를 골라 번식시켰다. 그 결과 원종인 야생동물과는 모습과 형태, 습성이 아주 다른 가축이 완성되었다.

고양이는 가축화 과정을 포함해서 다른 가축과는 몇 가지 차이점을 보인다. 그중 하나는 대부분의 동물은 인간이 그 원종인 야생동물을 야산에서 강제로 잡아다 기르는 데서부터 가축화가 시작됐지만 고양이의 경우에는 야생 고양이 쪽에서 인간에게 다가와 고양이와 인간의 느슨한 관계가 시작되었다는 것이다. 물론 고양이를 끌어들인 것은 인간의 주거지역에 퍼져 있던 쥐였지만 인간도 고양이의 유용성을 재빨리 알아차리고 가까이 살도록 허락했을 것이다.

가축은 아니지만 초기의 고양이와 인간의 관계처럼 인간과 느슨한 관계를 맺은 다른 동물도 있다. 옛 일본 가옥에서 볼 수 있던 아오다이쇼라고 하는 일본 구렁이다. 원래 야산에 서식하는 야생 뱀이지만 좋아하는 먹잇감인 쥐를 찾아 천장 속 같은 곳에 정착했다.

나이가 지긋한 어른 중에는 어릴 적 자다가 천장에서 커다란 구렁이가 이불 위로 툭 떨어져 혼비백산했다는 사람이 간혹 있다. 그런데 당시 사람들은 구렁이가 쥐를 퇴치해주는 유익한 동물이라는 것을 잘 알고 있었기에 죽이거나 쫓아내지 않았다고 한다. 옛날 일본 가옥에서는 사람과 구렁이가 한 지붕 아래서 서로의 존재를 인식하면서 '평화적 공존' 관계를 맺고 있었다.

고양이와 사람의 관계도 이런 식으로 시작되었을 것이다. 이처럼 쌍방이 자연스럽고 평화적으로 다가가 관계를 이루기 시작한 가축은 고양이뿐이다.

개의 원종인 늑대도 잔반을 노리고 가축이 되려고 인간에게 다가왔다는 이야기가 있지만 초기에는 평화적인 공존이 아니었다. 늑대는 인간을 잡아먹는 능력을 지닌, 결코 방심할 수 없는 위험한 야수였기 때문이다.

1만 년이 지나도
변하지 않은
형태

　고양이의 또 하나의 특이점은 고양이가 인간과 만난 지 1만 년 정도가 지났는데도 불구하고 몸의 형태와 크기가 거의 변하지 않았다는 것이다. 대부분의 가축은 가축화 과정에서 겉모습이 원종과 크게 달라졌다. 또 품종개량을 통해 외양과 형태가 다양한 품종이 많이 만들어졌다.

　고양이의 특이한 점은 생물 분류학상으로도 가까운 개와 비교해 보면 잘 알 수 있다.

　개 중에 가장 작은 견종은 치와와로, 체중이 3kg 정도이고 체고(키)는 20cm 안팎이다. 크기가 가장 큰 것은 그레이트데인이나 아이리시 울프 하운드라는 견종이다. 체중은 100kg이 넘고 체고가 1m, 체장이

$2m$ 이상인 것도 있다. 약간 과장해서 비유하면 토끼만 한 것에서 송아지만 한 것까지 다양한 크기의 개들이 모두 개라는 하나의 종에 속하는 것이다.

형태도 다양하다. 닥스훈트는 몸통이 지면에 닿을 정도로 다리가 짧다. 어떤 예리하고 사나운 늑대로부터 닥스훈트 같은 모습이 만들어졌을지 상상이 안 될 정도이다. 그런가 하면 경주마처럼 다리가 긴 그레이하운드도 있다. 이처럼 개는 같은 종이라고 하기가 망설여질 정도로 크기와 모습, 형태가 다양하다.

고양이는 어떨까? 대형묘라고 일컫는 메인쿤이라는 품종이든 다른 아무리 큰 종이라도 고양이의 평균적인 크기(몸통 길이)의 2배를 넘지 않는다. 털색이나 털 길이가 무척 다양해서 수많은 품종이 있기는 하지만 몸 자체의 모양과 형태는 '개'에 비해 다양하지 않고 원종인 리비아고양이로부터 그다지 변하지 않았다. 길을 걷다 보면 때때로 리비아고양이로 착각할 정도로 털 무늬와 외양이 비슷한 길고양이를 만나기도 한다.

그러면 왜 고양이는 다른 가축과는 다르게 외양이 원종에서 변하지 않은 것일까?

가축을 인간의 형편에 맞게 변화시키려면 인간이 그 동물의 번식을 제어할 수 있어야 한다. 사육 중인 동물이 제멋대로 번식하지 않도록 격리하고 동물의 발정 시기를 잘 관찰해서 인간이 고른 상대와

만 번식하도록 관리하지 않으면 안 된다.

그러나 고양이는 개처럼 사람의 명령을 따르지 않고 자유롭게 돌아다니며 멋대로 행동하므로 관리하기가 쉽지 않았다는 점을 쉽게 짐작할 수 있다. 게다가 고양이는 삼차원적인 움직임을 보이고 아주 작은 틈새도 빠져나간다. 오랜 옛날에는 요즘 주거시설처럼 빼곡한 건물도 없고 가축의 우리도 없었기에 발정기가 되면 밖으로 뛰쳐나가 야생 리비아고양이와 교배하는 일도 흔히 있었을 것이다. 그러다 보니 고양이는 도저히 다른 가축처럼 외견과 형태를 바꾼다거나 여러 가지 품종을 만들어낼 정도로 번식을 관리할 수 없었을 것이다.

어쩌면 인간은 처음부터 고양이의 모습을 매력 있는 완성된 형태로 간주해 털색 이외에는 그다지 모습을 바꾸고 싶다는 생각을 하지 않았을 수도 있다. 쥐를 잡아주고 함께 살아갈 수 있을 만큼 적당히 사람에게 익숙해지고 아름다운 모습 그대로 있어주면 그것으로 충분하다고 생각했을지도 모른다.

이렇게 해서 고양이는 야생의 매력이 거의 훼손되지 않은 채 1만 년 이상 인간과 함께 살아오고 있음에도 불구하고 '가축'이라는 호칭이 가장 어울리지 않는 '가축'으로 오늘에 이르고 있다.

다른 고양잇과
동물과
유사점과 차이점

　현재 약 40종의 고양잇과 동물이 전 세계에 서식하고 있다. 몸집이 가장 큰 동물은 호랑이로 체중이 300kg을 넘는 것도 있다. 가장 작은 종은 아무리 커도 체중이 3kg도 되지 않는데 아프리카 최남단 부근에 서식하는 검은발살쾡이다.

　고양잇과에 속하는 동물은 외양과 습성이 모두 고양이다운 특징을 공통적으로 지니고 있다. 하지만 물론 예외도 있다.

　예를 들어 치타는 생존에 대단히 중요한 '사냥'에 있어 예외적인 존재로, 시속 100km가 넘는 속도로 사냥감을 추격해서 숨통을 끊어 놓는다. 고양잇과 동물의 사냥 방법은 대개 사냥감의 지근거리까지 살며시 다가간 다음 단숨에 달려들어 사냥감을 죽이는 식으로, 단시간에 승부를 결정짓는다. 치타처럼 사냥감을 뒤쫓는 방식은 개과 동물에서 흔한 사냥 방법이다. 다만 치타의 사냥은 추적 거리가 수백 미터 정도밖에 지속되지 않아서 단시간에 끝내버리는 고양잇과 동물의 방식과 완전히 동떨어진 것은 아니다.

그 밖에 치타는 다른 고양잇과 동물과 다르게 개과 동물처럼 발톱을 드러낸 채 달리는데 이 발톱이 지면을 네 발로 단단히 잡는 스파이크 역할을 해준다. 치타는 발톱을 다른 고양잇과 동물처럼 다시 집어넣을 수 없다. 치타는 고양잇과 동물 중에서도 아주 조금 개과 동물에 가까운 것 같다.

다음으로 생활 속에서 예외를 살펴보자.

고양잇과 동물은 기본적으로 태어난 후 어느 정도 클 때까지는 어미와 함께 행동하지만 이후에는 어미 곁을 떠나 각자가 배타적인 영역을 갖고 독립적으로 살아간다. 고양잇과 동물은 먹잇감을 사냥하는 것, 제 몸을 지키는 것, 그리고 죽는 것도 혼자 하는 것이 기본이다. 그러나 이것도 예외가 있는데, 사자 사회가 그렇다.

사자는 '프라이드'라고 하는 무리를 이루며 살아간다. 프라이드는 혈연관계에 있는 몇 마리의 어른 암컷과 그 새끼, 그리고 외부에서 들어온 한 마리 혹은 두 마리의 훌륭한 수컷으로 구성된다. 이 수컷은 전에 있던 수컷을 격렬한 투쟁 끝에 물리치고 무리를 접수하는 데 성공한 녀석이다. 그리고 새로운 수컷에게 이전 수컷과의 사이에 태어난 새끼는 죽임을 당하는데 이러한 사자의 새끼 죽이기에 관해서는 나중에 자세히 다루겠다.

사자 외에 무리를 이루는 또 하나의 고양잇과 동물은 '고양이'다.

고양이의 원종인 리비아고양이는 기본적으로 독립적으로 살아간다. 그러나 고양이는 상황에 따라 단독으로 생활하기도 하고 어떤 경우에는 복수의 고양이들이 모여 무리를 이루기도 한다. 한 집에 여러 마리의 고양이가 지내는 경우도 주인의 의지에 따른 것이기는 하지만 집단으로 생활한다고 봐도 무방하다.

길고양이도 무리를 이루는 사례가 있다. 다량의 먹이가 안정적으로 공급되는 쓰레기장 같은 장소는 동시에 여러 마리의 길고양이가 먹고살기에 적합하다. 이렇게 먹을거리가 풍부한 곳에는 자연스럽게 길고양이가 많이 모여들기 때문에 단독으로 사는 것이 불가능해진다.

내가 길고양이를 조사했던 후쿠오카현 아이노시마 섬에는 섬 안의 몇몇 곳에 생선뼈나 내장 등 생선 찌꺼기가 다량으로 버려지고 있었다(어촌이었으므로). 그곳에는 많으면 수십 마리의 길고양이가 모여 무리를 짓고 있었다.

하지만 면밀히 조사해보니 고양이들이 먹이를 목적으로 섬의 각지에서 모여든 것은 아니었다. 무리는 대개 일원이 정해져 있고 외부에서 온 고양이가 무리에 끼어들려고 하면 배척당했다. 또 무리 속 암컷들은 대개 모녀관계라든지 사촌, 자매 등 혈연관계를 이루고 있어서 사자의 프라이드와 유사한 규율과 사회성이 길고양이 무리에도 나타나고 있었다.

　이처럼 고양이는 단독 생활부터 사회성을 지닌 무리 생활까지 상황에 따라 유연하게 대응할 수 있는 잠재능력을 지닌 것 같다. 이는 인간과 함께 살아오는 과정에서 획득한 것일 수도 있다.

　여하튼 고양잇과 동물은 기본적으로 배타적인 단독 생활을 하는데, 고양이는 예외적으로 무리 지어 생활하기도 한다는 사실이 밝혀졌다.

꼬리 끝이
굽어 있는
야생 고양이는 없다

　고양잇과 동물 중에서 고양이만이 갖는 특히 예외적인 특징은 어떤 것이 있을까? 그것은 고양이가 가축화 역사 속에서 획득해온 외견상 특징이다. 고양이가 다른 가축에 비해서 가축화의 영향을 거의 받지 않았다고는 해도 털색, 모양, 그리고 꼬리 등은 리비아고양이나 다른 야생의 고양잇과 동물과 매우 다르다.

　야생동물의 털색과 모양은 본래 주위 환경에 융화하는데 이는 사냥감이나 천적의 눈에 잘 띄지 않기 위해서 무척 중요하다. 호랑이의 줄무늬, 표범의 표범무늬, 눈표범의 흰색 털은 각자 서식하는 환경에서 자신의 모습을 위장하기 위한 것이다.

　그러나 고양이는 어떤가? 원종인 리비아고양이처럼 세로줄무늬

(브라운 태비의 털 무늬)인 야생적인 무늬를 한 고양이도 있지만 온몸이 까맣거나 혹은 새하얀 것, 흑백의 얼룩무늬, 심색 털, 붉은색(주황색), 회색, 샴 등 털색과 모양이 아주 다양하다. 거의 대부분 위장은커녕 밖에 나가면 오히려 눈에 띄는 털 무늬들뿐이다.

고양이의 털색과 모양은 유전자에 따라 정해져 있는데 야생 고양이에게서 볼 수 없는 것은 모두 가축화가 시작된 1만 년 전 이후에 일어난 돌연변이다.

털색이나 모양의 돌연변이는 야생 고양이에게도 일어나지만 자연의 서식 환경에서는 대부분 너무 눈에 확 드러나기 때문에 생존하는 데 불리하게 작용한다. 그래서 돌연변이인 털 무늬 유전자는 좀처럼 야생 고양이에는 퍼져 있지 않다. 이런 고양이가 태어난다고 해도 그 유전자를 다음 세대에게 남겨주기 전에 대부분 죽기 때문이다.

그런데 인간과 함께 생활하는 고양이의 경우에는 돌연변이에 의해 이제까지 없던 털 무늬가 생겨나면 인간에게 오히려 진귀한 존재로 소중히 여겨졌다. 자기 고양이는 특별하다는 '우리 집 고양이 자랑' 같은 의식이 예부터 있었을 것이다.

돌연변이 고양이를 소중히 길러서 새끼를 낳게 하면 진귀한 털 무늬 유전자가 다음 세대에 전해진다. 근대에 들어와 동물 유전학이 확립되고 고양이의 번식도 어느 정도 제어할 수 있게 되면서 인간은 돌연변이로 나타난 새로운 털 무늬 고양이를 하나의 품종으로 효율적으로 고정시킬 수 있게 되었다.

이는 인류가 품종개량을 통해서 장미나 튤립의 새로운 색의 꽃을 만들어 온 과정과 매우 흡사하다. 갖가지 색의 아름다운 꽃을 가꾸는 즐거움과 완전히 같다고 할 수 없지만 인류는 이제까지 없던 아름다운 털 무늬 고양이를 보고 즐기고 그리워했고, 또 그 고양이와 생활할 수 있다는 사실을 자랑스러워했을 것이다.

털색과 무늬가 다양하다는 것 외에 야생 고양이와 고양이가 다른 점은 꼬리다.

해외에서도 재패니즈밥테일로 알려진 일본 고양이는 꼬리가 토끼처럼 짧고 동글다. 꼬리 끝이 굽어 있는 종도 있고 심지어 꼬리가 없는 맹크스라는 품종의 고양이도 있다. 야생 고양이에서는 스라소니(링크스) 외에 꼬리가 짧은 종은 발견되지 않는다.

꼬리가 짧은 일본 고양이는 에도 시대의 회화나 우키요에에 자주 등장한다. 당시에는 꼬리가 긴 고양이는 나이를 먹으면 꼬리가 둘로 갈라져 둔갑을 잘하는 요괴로 변해 사람을 유괴한다는 전설이 있었다. 이런 이유에서 짧은 꼬리 고양이가 선호되었을 것이다. 또 꼬리가 철사처럼 구부러진 고양이는 그 꼬리로 부자의 창고 자물쇠를 열어 주인에게 재물을 가져다준다고 전해 내려와서 소중히 여겨졌다고 한다.

굽은 꼬리 고양이

토끼처럼 짧은 꼬리나 구불구불 구부러진 꼬리 모두 미추골(엉덩이뼈)이 여러 개 합쳐진 것으로, 손가락으로 만져보면 찌그러진 형태의 꼬리뼈를 확인할 수 있다. 이는 유전자에서 기인하며, 일본에서는 규슈 지역에서 많이 볼 수 있다. 특히 나가사키현의 고양이는 약 80%가 굽은 꼬리일 정도로 일본에서 가장 많다.

굽은 꼬리 유전자는 동남아시아를 기원으로 하는데 에도 시대(1603~1867) 쇄국하던 시기에 네덜란드에서 출발한 무역선이 동남아시아를 경유해 나가사키에 들어왔을 때 반입되었다고 한다.

한편 맹크스라는 고양이는 꼬리뼈 자체가 없다. 맹크스는 영국의 맨 섬이라고 하는 작은 섬이 기원인 품종인데 꼬리가 없는 이유에 대해서는 여러 가지 이야기가 있으나 맹크스에게 꼬리가 없는 진짜 이유는 유전자의 돌연변이 때문이다. 이 맹크스끼리 교배해서 태어난 새끼 고양이 4마리 중 한 마리는 죽게 된다.

수많은 야생의 고양잇과 동물의 꼬리는 생존에 아주 중요한 구실을 한다. 예컨대 치타는 빨리 달리는 데 방해되지 않을까 싶을 만큼 굵고 기다란 멋진 꼬리를 갖고 있다. 치타가 지그재그로 주행하며 도망치는 사냥감을 시속 100㎞ 가까운 속도로 뒤쫓을 때 이 꼬리가 균형을 잡아준다.

추격하는 동안에 사냥감이 갑자기 오른쪽으로 방향을 틀면 치타도 재빨리 몸을 오른쪽으로 기울이는 것과 동시에 꼬리를 왼쪽으로 기울여 급선회할 수 있다. 균형을 잡아주는 꼬리 덕분에 갑작스럽게 방향을 회전해도 넘어지지 않고 빠른 속도를 유지한 채 사냥감을 바짝 뒤쫓을 수 있는 것이다.

다른 고양잇과 동물들도 높은 곳에 오르거나 사냥감을 잡으려고 달려들 때 균형을 잡거나 타이밍을 잡는 데 꼬리가 아주 유용하다.

꼬리가 짧거나 구부러진 고양이는 길고 쭉 뻗은 꼬리를 지닌 고양이보다 운동능력이 다소 떨어질지도 모른다. 그러나 고양이는 야생 고양이처럼 항상 야생동물을 잡아먹고 사는 것은 아니다. 집고양이라면 늘 먹이가 주어지고, 인가 근처에 사는 길고양이라면 쓰레기를 뒤지면 그럭저럭 해결된다.

고양이에게는 털 무늬와 마찬가지로 꼬리가 짧아도 살아가는 데 그다지 불편하지는 않았을 것이다. 오히려 그 희귀함 때문에 인간이 소중하게 여겨졌던 시대와 장소에서는 생존에 유리하게 작용했을 것이다.

이처럼 고양이는 인간에 의한 가축화 과정에서 일반적인 야생 고양잇과 동물들과는 다른 특징도 갖게 되었다.

한편 무인도 등지에서는 쉽게 야생화해서 야생 고양이처럼 들새나 들쥐를 잡아먹는 생활로 돌아갈 수도 있다. 고양이는 철저하게 야생 고양이의 공통된 특징과 인간에 의해 갖게 된 고양이 고유의 특징을 둘 다 갖춘, 무궁무진한 잠재능력을 품은 생물이다.

유연함의
원천은
사냥본능이다

　고양이의 모습이나 행동 중 어떤 점에 매력을 느끼는지는 사람마다 다를 것이다. 하지만 동서고금을 통틀어 손꼽히는 고양이의 매력은 '아름다움', '유연함', 그리고 '우아함'이 아닐까?

　고양이는 왜 이토록 다양한 매력을 지녔을까?

　신이 특별히 인간을 매혹하도록 고양이를 창조한 것이라고 옛사람들이 생각한 것도 놀랍지 않다. 그 정도로 고양이는 인간을 끊임없이 끌어당기는 매력 덩어리의 생물이다.

　우리가 매료되는 고양이의 아름다움, 유연함, 우아함은 고양이가 순식간에 사냥감을 해치우는 궁극의 사냥꾼으로 진화한 과정에서 얻어진 부산물이다.

우선 고양이의 아름다움의 상징 중 하나는 커다란 눈이다. 얼굴 한가운데 있는 시원스러운 큰 눈과 그 둘레를 에워씨는 아이라인은 인간 여성도 동경할 만큼 아름답다. 여성 화장법에 고양이 눈매를 따라한 화장법이 있으니 말이다.

고대 이집트 벽화에는 남녀 모두 눈꼬리에서 바깥쪽으로 아이라인이 그려져 있는데 이는 짙은 갈색의 얼룩무늬 고양이의 눈매와 일치한다. 고양이의 눈꼬리에서 바깥으로 뻗은 털 무늬를 일컫는 '클레오파트라 라인'이라는 말도 있다.

고양이의 매력적인 큰 눈은 야행성 사냥꾼으로 진화한 결과이다. 어둠 속에서 최대한 많은 빛을 눈 속에 모아 담고 뛰어난 후각과 청각을 동원해서 먹잇감을 찾아내 잡기 위한 것이다. 고양이와 개의 두개골을 비교해보면 고양이가 안구를 최대치까지 크게 진화시켰음을 분명히 알 수 있다.

다음으로 고양이의 유연함과 우아함은 어디서 온 것일까?

고양이는 주위에 녹아들 듯 군더더기 없이 세련되고 부드러운 움직임을 보이고 발소리조차 내지 않고 가까이 다가온다. 또 수시로 그루밍해서 꼼꼼하게 빗질한 것처럼 털 결을 언제나 아름답고 반질반질하게 유지한다. 이는 고양이가 먹잇감에 소리 없이 접근하거나 혹은 매복하는 방식의 사냥꾼으로 살아가기 위해 습득해온 것이다.

고양이를 비롯한 고양잇과 동물은 먹잇감을 발견하면 상대에게 들키지 않도록 몸을 낮추고 발소리가 나지 않도록 단단하고 뾰족한 발톱을 집어넣은 채 먹잇감에게 천천히 조용히 다가간다. 만약 이때 소리를 낸다든지 어설프게 움직이면 먹잇감이 곧바로 알아채고 도망치기에 사냥은 실패로 끝나버린다.

또한 평소에 꼼꼼한 그루밍으로 몸을 청결하게 유지하고 여분의 때와 냄새를 없애두지 않으면 먹잇감에게 냄새로 들킬 뿐만 아니라 고양이 자신도 먹잇감을 찾을 때 후각에 방해받는다. 우수한 사냥꾼은 몸 매무새도 중요시한다. 고양이는 '유연'하고 '우아'하지 않으면 사냥꾼으로 살아갈 수 없는 것이다.

고양이는 먹잇감에게 슬며시 다가가서 혹은 매복해 있다가 상대가 사정거리에 들어오면 단숨에 덤벼들어 일격에 상대의 숨통을 끊어버린다. 이때도 회초리처럼 나긋나긋한 척추와 유연한 골격, 그리고 단단한 근육으로 용수철처럼 강한 순발력을 발휘해서 먹잇감이 도망칠 틈을 주지 않는다. 그리고 먹잇감에 달라붙어 상대가 반격하기 전에 예리한 어금니로 급소를 찔러 숨통을 끊는다. 이 곡예와 같은 전투에서 군더더기 없는 유연한 움직임이 불가능하면 고양이는 먹잇감을 잡기는커녕 상대에게 따끔한 반격을 당하고 말 것이다.

고양이의 아름답고 유연하며 우아한 매력은 모두 고양이가 야행성의 민첩한 사냥꾼으로 살아가기 위한 필수조건이었다. 인간은 '먹잇감 죽이기'에 특화된 고양이의 몸과 몸짓에 매력을 느끼는 셈이다.

변덕스러운
이유

고양이가 변덕스럽고 싫증을 잘 내는 것은 고양이 습성의 대명사와 같다. 어떤 사람에게는 '그게 바로 참을 수 없는 고양이의 매력'이기도 하고 또 다른 사람에게는 '고양이가 좋아지지 않는 이유'이기도 하다.

고양이의 변덕스럽고 쉽게 물리는 성격은 개의 충직하고 참을성 강한 습성과 완전히 대조적이다. 흔히 '고양이파'와 '개파'로 나뉘는 이원론도 그저 허튼 이야기가 아닐 정도로 고양이와 개는 상반된 매력의 차이를 극명하게 보여준다.

고양이와 개에게 나타나는 성질의 차이는 야생의 고양잇과 동물과 개과 동물의 서로 다른 생활 및 사냥 방식을 여실히 반영한다.

고양잇과 동물은 사자 등 예외는 있지만 기본적으로 혼자 생활하고 사냥한다. 따라서 자기가 필요한 것은 모두 스스로 결정하고 단독으로 행동하지 않으면 안 된다. 이것이 인간의 눈에는 변덕스럽고 제멋대로이며 자기 방식대로 행동하는 것으로 비친다. 그러나 이렇게 하지 않으면 고양이는 야생의 엄혹한 환경에서 살아남을 수 없다.

한편 개과 동물은 집단생활하고 사냥할 때도 무리 지어 협력한다. 조직적인 사냥에는 사령탑이 되는 리더가 필요하다. 구성원들이 서로 도우면서 효율적으로 사냥을 성공시키기 위해서는 불필요한 싸움을 피하기 위한 서열 정리도 필요하다. 일탈행위는 용납되지 않는다. 따라서 개 사회에서는 복종과 성실이 요구된다. 마치 인간 사회의 조직을 보는 듯하다. 개는 이 같은 집단생활의 규율을 지키지 않으면 무리 안에서 살아갈 수 없는 것이다.

다음으로 고양이가 쉽게 싫증내는 습성도 고양잇과 동물의 사냥 방식에서 유래한다.

고양이의 사냥은 먹잇감에 살금살금 다가가서 사정권 내에 들어가면 폭발적인 순발력을 무기로 단숨에 달려들어 승부를 결정짓는 방식이다. 그러나 운 나쁘게 먹잇감을 놓치면 끈덕지게 뒤쫓지 않고 금세 포기해버린다. 왜냐하면 고양이는 폭발적인 순발력을 발휘할 수 있는 반면 이를 지속시킬 수 없는 신체구조를 지녔기 때문이다.

좀 더 자세히 설명하면 고양이의 근육에는 백색근이 많은데 이 근육은 순발력이 뛰어나지만 단시간밖에 지속하지 못하는 특성을 지녔다. 그래서 시속 100km 이상으로 달릴 수 있는 치타조차 겨우 십여 초 동안만 그 속도를 유지할 수 있다.

인간으로 치면 고양이는 단거리 선수이다. 따라서 고양이가 쉽게 싫증 내는 습성은 결코 게으름뱅이라서가 아니라 생리적으로 격한 움직임을 지속할 수 없기 때문이다. 실패하면 충분히 휴식을 취해 체력을 회복하고 다음 기회를 노리는 것이 고양이의 생존 방식이다.

한편 개가 잘 참는 습성도 개과 동물의 사냥 방식에서 기인한다. 개는 무리 지어 사냥하는데, 고양이 같은 순발력은 없는 대신 시간을 갖고 끈기 있게 계속적으로 먹잇감을 추적한다. 먹잇감을 놓칠 것 같으면 경이적인 후각을 이용해서 끝까지 뒤쫓는다. 그리고 상대가 지칠 즈음 모든 개들이 함께 물고 늘어져 상대가 피를 쏟아내 더 이상 움직이지 못하게 되면 숨통을 끊는다. 고양이처럼 일격에 끝장낼 수는 없다.

개는 고양이 같은 순발력은 없지만 마라톤 선수처럼 긴 시간을 지속적으로 달릴 수 있는 몸으로 진화했다. 근육도 고양이와 다르게 계속 달릴 수 있는 적색근의 비율이 높아졌다.

따라서 개가 쉽게 싫증내지 않고 잘 참는 습성은 이 같은 장기전의 사냥 방식에 기인한다. 하나의 장기적인 큰 목표를 향해 다소 참아내면서도 모두가 사이좋게 일치단결해서 성취해내는 것이 개의 생존 방식이라 할 수 있다.

고양이를 좋아하는 고양이파와 개를 좋아하는 개파에 더해서 일반적으로 고양이 같은 성격을 지닌 사람을 '고양이형 인간', 개 같은 성격을 지닌 사람을 '개형 인간'이라고 한다.

집단행동과 상하관계를 중시하는 일본은 참으로 '개형 사회'이다.

자기 방식대로 행동하고 협조성이 부족한 고양이형 인간이 자신의 모습을 그대로 드러내면 동료들과 원만하게 지내기 어렵다.

회사 같은 조직 내에서는 원래 고양이형 인간이어도 어느 정도 개형 인간 시늉이라도 내서 적절히 대처한다든지, 특기와 재능이 있는 고양이형 인간이라면 예술 활동이나 개인사업을 시작해서 자신의 길을 씩씩하게 개척하는 것이 '고양이형 인간의 생존 방식'인 듯하다.

그러나 역사를 되돌아보건대 '개형 사회'는 협조성과 상하관계를 중시한 나머지 잘못된 방향으로 폭주하기 쉬운 위험성을 내포하고 있다.

반면에 안데르센의 동화 〈벌거벗은 임금님〉에서 '임금님은 벌거숭이'라고 외친 순진무구한 아이처럼 '고양이형 인간'은 아무에게도 잘 보이려고 애쓰지 않고 의견을 순순히 밝히는 말 한마디로 집단의 폭주에 제동을 걸 수도 있다. 조직 내에서는 그다지 눈에 띄지 않는 '고양이형 인간'도 사회에 꼭 필요한 존재인 것이다.

주인을 어떻게
생각할까?

개는 가축이 되기 전부터 무리 지어 살았던 동물이다. 인간 가족의 일원이 되면 집단생활의 습성대로 주인을 무리의 리더나 상위의 존재로 여기고 늘 복종하는 태도를 보인다. 또 주인의 안색을 살피고 집안 분위기를 읽으면서 능숙하게 행동한다. 무리 지어 생활하는 동물은 무리 사회 안에서 살아가려면 서로 간의 상황을 파악하고 이에 맞춰 행동할 필요가 있기 때문이다.

인간도 '개의 기분'을 알기 쉽다. 말은 통하지 않지만 개가 무엇을 생각하고 있는지 이해하기 쉬운 동물이다. 이것이 개와 함께 생활하는 매력 중 하나일 것이다.

한편 고양이는 원래 단독으로 행동했던 동물이라서 인간 가족과 함께 집안에 살게 되었어도 인간에게 비위를 맞추는 일 따위는 하지 않는다. 또 가족 내에서 자신의 처지도 그다지 신경 쓰지 않기에 개처럼 주인을 리더로 여기고 복종하지 않는다. 다만 주인은 자기보다 몸이 커서 힘이 세겠다는 인식은 갖고 있을 것이다. 그렇다고 해서 순종적인 태도를 보이는 것도 아니다. 힘이 세도 자기가 싫어하는 상대라면 자리를 피하거나 도망치면 그만이므로.

주인은 먹이를 주고 놀아주고 쓰다듬어주므로 그럴 때 주인은 고양이에게 어미 고양이나 형제자매 같은 존재일 것이다. 한편 어미 고양이가 새끼 고양이에게 먹이를 가져다주듯 작은 새, 도마뱀, 곤충 같은 소동물을 잡아서 주인에게 갖고 오기도 한다.

인간에 대한 태도는 그때그때의 상황이나 변덕스러운 '고양이의 기분'에 따라 늘 변한다. 고양이는 주인을 같은 공간을 공유하며 경계심을 내려놓을 만한 동료 정도로 여기는 것이 아닐까?

주인이라면 누구나 고양이가 대체 자기를 어떻게 생각하는지 알고 싶겠지만 고양이는 인간의 기분이나 감정의 척도로는 완전히 이해하기 어려운 동물이다. 고양이는 원래 집단생활을 하지 않고 독립성을 중시하는 고독한 생물이기 때문이다.

그러나 이처럼 이해할 수 없다는 점이 고양이의 커다란 매력 중 하나이고 인간이 고양이와 함께 생활하고 싶은 이유가 아닐까?

그러면 길고양이는 주변에 있는 인간을 어떻게 생각할까?

아이노시마의 길고양이는 인가가 밀집한 장소에 살고 있지만 대부분 태생적으로 사람들에게 길들여져 있지 않다. 길고양이들은 먹이(생선 뼈 등)를 버리는 사람을 약간 거리를 두고 뒤따른다. 길고양이들도 어느 정도 섬사람들을 식별할 수 있는 듯했다.

나는 조사하는 동안 길고양이에게 먹이를 주지 않았기에 길고양이가 내게 다가오는 일도 없었고 너무 가까이 다가가지만 않으면 내게서 도망치는 일도 없었다. 아마도 길고양이에게는 내가 먹이를 주지는 않지만 적의를 품고 다가오지도 않는, 아무래도 상관없는 인간쯤으로 여겨졌던 것 같다.

조사하는 입장에서는 오히려 나를 공기 같은 존재로 봐주는 게 편리하다. 길고양이들은 내가 있다고 해서 특별히 다르게 행동하지 않고 길고양이 본연의 모습을 보여주기 때문이다.

그중에는 사람에게 길러졌던 경험이 있는지 먹이를 줄 것 같은 사람에게는 꼬리를 세우고 다가가는 길고양이도 있었다. 그런데 그놈은 내가 곁을 지나쳐도 나를 힐끗 한 번 보기만 하고는 내내 무시했다. 길고양이는 먹이를 주거나 적이라고 느껴지는 사람 외에는 전혀 관심이 없는 것 같다.

신기한 고양이
시로에 대한 기억

7년 동안 200마리에 이르는 길고양이를 조사하다 보면 그중에는 보통 길고양이와는 어딘가 조금 다른, 기이한 고양이도 만나게 된다. 내가 '시로'라는 이름을 붙여준 길고양이는 온몸이 새하얗고 가늘고 긴 꼬리를 지닌 수고양이였다.

섬에서 조사를 시작하면서 처음 만났을 당시 시로는 이미 7~8세 정도 되어 보이는 성묘成猫였다. 몸은 날씬한 편이었지만 근육이 단단했다.

시로는 다른 길고양이들과 여러 가지 점에서 달랐다. 우선 딱히 정해두고 사는 장소가 없고 일 년 내내 온 섬을 구석구석 헤집고 다녔다. 발정기가 되면 발정한 암컷이 있는 곳에 나타나서 한창 구애 중

시로

인 수컷들 틈에 슬쩍 끼어들더니 지체 없이 교미를 끝내고는 다시 잰
걸음으로 어디론가 사라져 버렸다. 구애하고 있던 다른 수컷들도 그
다지 시로를 위협하지 않았다. 시로가 교미를 마칠 때까지 둘레에 있
던 수컷들은 가만히 지켜보고만 있었다. 만약 길고양이 사회에 보스
가 있다면 시로는 분명 보스 고양이였을 것이다.

간혹 길에서 맞닥뜨려도 시로는 나 같은 사람 따위 보이지도 않는
듯 언제나 내 바로 앞을 가로질러갔다. 사람에게 길들여지지 않은 길
고양이가 사람에게 다가가는 일은 없다. 반면 사람에게 다소 길들여
진 길고양이나 집고양이는 거리가 손이 닿을 만큼 가까워지면 반드
시 꼬리를 올리거나 사람에게 몸을 갖다 대고 문지르며 인사하는 게
보통이다. 시로는 늘 나 같은 사람은 완전히 무시하고 뭔가 할 일이
있다는 듯한 표정으로 잔달음을 치며 어디론가 가버렸다.

그런데 시로와 하룻밤을 함께 보낸 기억이 있다. 아이노시마에서
길고양이 조사를 막 시작했을 무렵 나는 어릴 적부터 꿈꿔온 동물연
구를 할 수 있다는 기쁨으로 가득 찼다. 대학원 시절을 대부분 섬에
서 지내면서 젊은 체력에 기대어 실제 연구 주제와 그다지 관계없는
관찰 데이터까지 닥치는 대로 수집했다.

그중 하나가 24시간 연속으로 진행하는 정점관측조사였다. 먹이
장소에 모여드는 길고양이들을 모두 기록하는 조사이다.

아마 6월이나 7월의 햇볕이 내리쬐는 시기였을 것이다. 아이노시

마 서쪽 해안은 섬에서 가장 큰 먹이 장소로 많은 길고양이들이 모여 든다.

그날은 아침 6시부터 24시간 정점관측조사를 시작했다. 낮 조사 는 그럭저럭 해냈지만 밤이 되니 선선해지기는 했어도 낮부터 쌓인 피로에 졸음이 스멀스멀 밀려와 조사하기가 너무 힘들었다. 날짜가 바뀔 무렵에는 먹이 장소에 와 있던 길고양이들도 거의 어디론가 가 버렸다. 아마 어딘가 시원한 곳에 자리 잡고 기분 좋은 잠을 청하고 있을 터였다.

주위는 칠흑 같았다. 나는 방죽에 앉아 아이노시마에서 바다 건너 아득히 반짝이는 하카타 시가지 불빛을 바라보면서 왠지 쓸쓸한 상 념에 잠겼다. 시로는 내 곁에 앉아 나처럼 바다를 바라보고 있었다. 이윽고 몸을 바닥에 엎드린 채 계속 바다를 응시했다. 나는 이런 일 도 있구나 싶어서 시로와 나란히 앉아 조용히 바다를 바라보았다. 잔 잔한 파도소리만 들려왔다.

나는 기이한 느낌에 옆에 있는 시로에게 말을 걸기 시작했다. 내 어릴 적 이야기와 가족 이야기, 고민거리, 앞으로 어떻게 살아야 할 까 등등 이런저런 이야기를 한 것 같다. 시로는 이따금 내 얼굴을 올 려다보면서 자리에 가만히 있었다. 주위가 조금씩 밝아지자 시로는 천천히 사라졌다. 내게는 뭔가 다른 차원의 세계에 있었던 듯 너무나 기이한 시간이었다.

시로는 그 후 길에서 맞닥뜨려도 늘 그랬듯이 내게 완전히 무관심했고 내 옆을 그대로 지나쳤다. 이후 몇 년 정도 시로는 건강해 보였지만 내가 조사를 마치기 직전에는 모습을 전혀 볼 수 없게 되었다. 시로는 암컷과 그렇게 많이 교미했는데도 DNA 감정 결과로는 시로의 새끼를 확인할 수 없었다.

시로의 일생은 어떠한 '고양이의 일생'이었을까? 새끼 고양이였을 때 인간에게 길러진 적이 있었는지도 모르겠다. 마지막으로 시로를 본 지 20년이 지난 지금도 이따금 시로가 생각난다. 고양이는 역시 기이한 생물이다.

길고양이에게 그루밍하는 망토개코원숭이

나는 길고양이 외에 망토개코원숭이라는 영장류도 연구했다. 망토개코원숭이는 아라비아반도 서쪽과 아프리카 동쪽 홍해에 접한 고산지대에 서식하는 영장류이다. 내가 조사한 대상은 사우디아라비아 왕국의 타이프 시 외곽 지역에 서식하는 500마리가량의 개코원숭이 무리였다. 타이프는 이슬람교 성지인 메카에서 남동쪽으로 100km 정도 떨어진 해발 약 1,500m에 위치한 도시이다.

사우디아라비아에 체류하는 동안 나는 온종일 개코원숭이 무리를 쫓아다녔다. 개코원숭이들은 아침을 먹고 나면 커다란 바위가 데굴데굴 굴러 내릴 듯한 바위산에서 해 질 녘까지 자주 시간을 보내곤 했다. 이 바위산에는 길고양이가 살고 있었다.

흥미롭게도 길고양이는 개코원숭이 무리가 오면 도망치기는커녕 꼬리를 세우고 개코원숭이 곁으로 다가가 그 앞에 벌러덩 드러누웠다. 게다가 더 놀라운 사실은 개코원숭이가 길고양이에게 그루밍을 해주는 것이었다. 개코원숭이들끼리 털 고르기를 하듯이 손끝으로 꼼꼼하게 털을 가르며 이를 잡아 없애주었다. 그럴 때면 길고양이도 기분 좋은 듯 눈을 감고 있었다. 마치 주인과 집고양이 사이 같았다.

길고양이는 그루밍이 끝나면 개코원숭이 무리 속을 거닐다가 또 다른 개코원숭이에게 그루밍을 받곤 했다. 무리 속의 어느 고약한 젊은 수컷 개코원숭이는 길고양이에게 교미를 시도하기까지 했다.

길고양이에게는 개코원숭이나 인간이나 마찬가지일지도 모르니 길고양이의 행동이 이해 안 되는 바는 아니다. 하지만 개코원숭이 눈에는 길고양이가 어떻게 비치는 걸까?

나는 개코원숭이가 인간처럼 다른 동물과 교류하고 보살펴준다는 이야기를 들어보지 못했다. 고양이가 그 기이한 매력으로 사람의 마음을 사로잡았듯이 개코원숭이를 끌어당긴 게 아닐까?

개코원숭이가 고양이를 키우는(?) 것처럼 보이기도 하지만 나는 어떻게 해석하면 좋을지 모르겠다. 내가 할 수 있는 이야기는 고양이가 생각할수록 기이한 생물이라는 것이다.

3장

고양이의 출생

일 년에 한 번의

발정기

인간과 만난 지 1만 년 동안 무수히 많은 고양이가 출생하고 제각기 삶을 마쳤다. 함께 살아온 인간도 마찬가지이다. 3장에서는 고양이의 일생 중 초기에 해당하는 고양이의 출생과 갓난아기 시기, 유아기를 거쳐 드디어 어미에게서 자립하기까지에 관해 이야기한다.

고양이가 사람에 비해 수명은 짧지만 대단히 빠른 속도로 성장하는 모습에 깜짝 놀라게 될 것이다. 또 집고양이와 길고양이가 자라는 환경이 너무나 다르다는 사실에 아연할지도 모른다. 하지만 이는 1만 년이나 계속되어온 고양이의 생존 방식이다.

고양이는 일 년 중에서 교미하고 임신하는 시기가 정해져 있다. 실상 고양이뿐 아니라 거의 모든 야생동물이 연중 정해진 기간에만 번식한다. 가장 적합한 계절에 새끼를 기를 수 있도록 그에 맞게 교미하고 출산하는 타이밍이 짜여 있다. 그런데 인간은 예외적으로 계절에 상관없이 교미(성교)하고 아기를 낳을 수 있다. 이것이 인간과 다른 야생동물의 큰 차이 중 하나이다. 조금 품위 없는 표현이지만 인간은 언제나 발정하고 있다고 할 수 있을 것이다.

고양이는 연중 어느 때가 교미하는 발정기일까? 추운 겨울밤 하늘에 날카롭게 울려 퍼지는 "아오 아오"라는 사람 아기가 우는 듯한 새된 울음소리를 들어본 적이 있는가? 집 밖에서 이런 소리가 들리면 잠자리에 든 아이들은 겁을 먹고 어린아이는 울음을 터뜨릴지도 모른다. 이는 발정한 수고양이가 암컷을 찾으며 부르는 소리다. 그렇게 알고 잘 들어보면 왠지 안쓰럽게 느껴진다.

암고양이의 발정은 낮의 길이에 영향을 받는다. 일 년 중 가장 해가 짧은 동지(12월 22일)가 지나고 점차 해가 길어지면 이에 자극받아 암고양이의 몸은 임신 가능한 상태가 갖추어지고 발정을 시작한다.

내가 길고양이를 조사하던 아이노시마에서는 암컷의 발정이 1월 초부터 시작해 2월에 정점에 이르고 3월 말경에 거의 끝난다. 그리고 이 시기에 번식에 실패한 암컷 일부가 5월경에 발정한다. 북반구의 길고양이는 기본적으로 대개 이런 일정으로 발정한다.

발정한 암컷도 수컷처럼 발정 소리를 내곤 하지만 주로 자주 배뇨한다든지 신체 중 냄새샘(취선, 臭腺)이 있는 부분을 이곳저곳에 문지르는 마킹 행위를 통해서 자신이 발정해 임신할 준비가 되어 있음을 주위의 수컷에게 알린다. 이 냄새는 일종의 성페로몬이다.

그러면 여러 마리의 수컷들이 이 냄새를 맡고 모여들어 발정한 암컷을 둘러싸고 수컷끼리 격렬한 싸움을 벌이게 된다.

거세되지 않은 수컷 집고양이도 집 밖에 자유롭게 나다닐 수 있으면 암컷을 둘러싼 싸움에 참가한다. 수컷 집고양이가 며칠이 지나도 돌아오지 않아 걱정했더니 몸은 조금 야위었지만 왠지 날렵해졌고 때로는 몸에 상처를 입고 돌아오는 경우가 있다. 이는 암컷의 사랑을 얻기 위한 경쟁에 참가했기 때문이다.

근처에 사는 암컷을 둘러싼 싸움일 수도 있고 혹은 씩씩하게 집에서 멀리 떨어진 곳까지 원정을 다녀온 것일 수도 있다. 오랜만에 집에 돌아와 먹이를 걸신들린 듯이 먹어치우고는 다시 싸움터로 내달리는 경우도 종종 있다.

수컷에게는 자손을 남기느냐 아니냐 하는, 일생 중 가장 극적인 상황에서 수고양이로서 필사적으로 싸우고 있는 셈이다. 주인은 지켜보는 것 외에는 별도리가 없다.

나는 대학원생 시절에 한겨울이면 후쿠오카현 아이노시마에서 약 3개월간 지내면서 암컷을 둘러싼 수컷들끼리의 공방을 매일 관찰했다. 현해탄의 차가운 북풍이 휘몰아치는 가운데 몇 시간이고 관찰하다 보면 볼펜조차 잡을 수 없을 정도로 몸이 얼어붙는다.

하지만 이 과정에서 암컷을 둘러싼 수고양이들의 싸움과 발정한 암컷의 '밀당'을 지켜본 덕분에 큰 발견을 할 수 있었다. 이 드라마는 다음 장에서 자세히 서술한다.

도시 고양이의
발정 횟수가
증가하고 있다

고양이의 발정 횟수는 기본적으로 연 1회로 2월에 정점에 이르고, 이 시기에 실패한 암컷이 5월경 다시 한 번 발정하기도 한다. 그런데 최근 도시 지역에 사는 길고양이는 일 년에 여러 번 발정해서 번식하는 경향이 있다.

시내 번화가나 상점가는 한밤에도 일 년 내내 대낮처럼 환해서 이런 환경에 놓인 길고양이가 낮 길이에 의한 계절 감각을 상실한 탓도 있고 무엇보다 영양(칼로리) 과다 섭취가 원인인 듯하다.

길고양이는 야생동물 같아서 가능한 한 자손을 남기려고 한다. 불임수술을 받지 않은 암컷이 고칼로리의 먹이를 계속 과잉 섭취하면 소비되지 않고 남은 칼로리를 모두 번식에 사용한다. 번식이 가장 많이 발생할 때는 일 년에 서너 번 새끼를 낳기도 한다.

이런 과정이 몇 번만 반복되면 그 지역에 고양이가 기하급수적으로 증가하고 머잖아 그 수가 너무 많아져서 길고양이 생활환경의 한계점에 다다른다. 결국 고양이의 먹이가 부족해지고 허약한 새끼 고양이부터 차례로 죽게 된다.

그뿐 아니라 인근 주민이 민원을 제기해 살처분 대상이 되곤 한다. 때로는 길고양이가 불쌍해서 친절을 베푸느라 먹이를 제공하는 행위가 개체 수의 과도한 증가를 유발하고 결국 이런 비극을 초래하는 것이다. 길고양이를 위한 친절을 쉽게 비판하기는 어렵지만 여러 변수를 고려하면서 그들을 위해 어떻게 행동하는 것이 좋을지 고민해봐야 한다. 이에 대해서는 나중에 서술하겠다.

인기 있는 암컷,
인기 없는 암컷

앞서 암고양이는 발정 소리를 별로 내지 않는다고 이야기했다. 그러나 암컷이 나이와 발정 시기에 따라 수컷처럼 '아오 아오' 하고 빈번하게 울 때가 있다. 그것은 주위에 자신에게 구애하는 수컷이 없을 때이다.

복수의 암고양이가 함께 있을 때는 동시에 발정이 일어나기도 한다. 그중에는 여러 마리의 수컷에 둘러싸여 구애를 받는 암컷이 있는가 하면 별로 구애를 받지 못하는 암컷도 있다.

이 차이는 암컷의 나이와 번식 경험에 기인한다. 새끼를 낳아 키운 적이 없거나 이런 경험이 적은 젊은 암컷은 수컷에게 그리 매력이 없는 듯하다. 반면 번식과 양육 경험이 풍부한 암컷은 복수의 수컷에게

동시에 한 장소에서 구애를 받는다. 인간의 경우와 정반대라고 할 수는 없지만 수컷이 암컷의 매력을 판단하는 기준은 인간과 고양이가 조금 다른 것 같다.

젊은 암고양이가 발정하고 있고 교미가 가능한데도 주위에 자신에게 구애하는 수컷이 없을 때에는 수컷과 비슷한 발정 소리를 자주 내서 수컷을 불러들이려고 한다.

또 암컷의 발정은 수일에서 길게는 2주 정도 지속되는데 정점이 지나면 구애하는 수컷도 점차 적어진다. 아마도 수컷을 끌어당기는 페로몬 양이 감소해서 수컷에게는 암컷의 매력이 줄어들기 때문일 것이다.

이때도 암컷은 발정 소리를 내서 수컷을 불러들이려고 한다. 며칠 전까지만 해도 여러 마리의 수컷에게 둘러싸여 구애를 받으며 마음에 들지 않는 수컷에게는 몇 번이고 '고양이 펀치'를 날리던 암컷인 만큼 암컷의 이 발정 소리를 들으면 너무나 안타깝다.

임신율은
100%

　사람과 개, 그리고 많은 포유류들이 교미 여부와 상관없이 정기적으로 혹은 번식의 계절이 오면 배란한다. 하지만 고양이는 교미 행위에 의해 자극받아 배란하는 '교미 후 배란'이 특징이다. 즉 수컷과 교미하지 않는 한 암고양이는 배란이 일어나지 않는다.

　수고양이의 생식기 뿌리 쪽에 작은 돌기가 많이 나 있는데 교미 시 이것이 암컷의 몸을 자극해 배란이 일어나게 된다.

　교미(수컷의 사정)가 끝나고 수컷이 암컷의 몸에서 떨어지는 순간 암컷은 비명을 지르며 뒤에 있는 수컷에게 강렬한 '고양이 펀치'로 공격하려고 한다. 생식기를 빼낼 때 암컷이 격통을 느끼기 때문이다. 이 자극으로 암컷의 몸에 배란이 일어난다. 경험이 풍부한 수컷은 암컷의 공격을 무난히 피할 수 있다.

교미한 지 대략 24~48시간 후에 배란이 일어난다(따라서 임신율은 거의 100%라고 볼 수 있다).

배란한 암컷이 다른 수컷과 또 교미하면 한배에서 아비가 다른 형제자매(이부 형제자매)가 태어나기도 한다. 프랑스에서 행한 어느 연구에 따르면 한배에서 난 5마리의 아기 고양이가 모두 아비가 다른 사례가 있었다.

고양이의 임신기간은 약 두 달, 즉 65일 전후로 개의 임신기간과 비슷하다.

임신한 암컷은 임신 말기가 될수록 많은 먹이가 필요하다. 임신 말기인 길고양이는 간혹 위험을 무릅쓰고 멀리까지 먹이를 찾아 나서기도 한다. 배가 불룩해진 암고양이가 곧 태어날 아기 고양이들을 위해 먹이를 구하려고 뒤뚱거리며 돌아다니는 광경을 보면 아름답고 강한 모성애를 느끼지 않을 수 없다.

한편 수컷은 암컷과 교미하고 뱃속의 아기가 제 새끼일 가능성이 있어도 그 암컷과 아기를 위해 먹이를 찾아다니지 않는다. 아이노시마에서 수컷 길고양이들이 발정기의 격렬한 싸움을 치른 후 피로를 풀려는 듯 봄볕 아래서 잠들어 있는 모습을 자주 보곤 했다.

수컷에게는 1년 중 가장 절정인 계절이 끝났지만 암컷에게는 이제부터가 힘든 시기이다.

집고양이가 출산을 앞두고 있으면 주인이 따뜻하고 안정적인 출산 환경을 마련해준다. 영양 공급도 더할 나위 없다. 하지만 길고양이의 사정은 그렇지 못하다. 몸이 무거운 암컷 스스로 전부 준비하지 않으면 안 된다. 수컷은 암컷을 도와주기는커녕 오히려 위험한 존재가 되기도 한다.

아이노시마에서는 암컷 길고양이가 목조 어구창고 안이나 빈집 처마 밑 같은 데서 출산하는 광경을 자주 목격했다. 특히 어구창고는 그물과 어구 등이 빼곡히 차 있어 안쪽 깊숙한 곳은 사람의 눈에 띄지 않는 데다 그물 더미는 출산하기 좋은 자리이다.

암고양이가 한 번에 낳는 새끼 수는 3~6마리이다. 많은 경우에는 20마리 이상 낳은 기록도 있다.

갓 태어난 아기 고양이는 양막에 덮여 있다. 어미는 양막을 찢고 젖어 있는 아기 고양이의 몸을 핥아준다. 아기 고양이는 이에 자극받아 숨쉬기 시작하고 드디어 첫울음을 터뜨린다. 이것으로 '고양이의 일생'이 시작된다.

어미가 아기 고양이 배꼽의 탯줄을 물어 끊어주면 아기 고양이는 어미에게 다가가 젖을 빨려고 한다.

아기 고양이의
세계

아기 고양이는 이미 온몸에 털이 난 상태로 태어나기에 '아기'의 일반적인 이미지와 조금 다를지 모르나 완전히 젖을 뗄 때까지는 이렇게 부르기로 한다.

갓 태어난 아기 고양이는 아직 눈도 떠지지 않고 귀도 거의 들리지 않는다. 후각과 촉각으로 냄새와 온기에 의지해서 엄마가 어디 있는지 감지하고 젖을 더듬어 찾아낸다. 인간의 유두는 1쌍(2개)이지만 고양이는 4쌍(8개)이 있다.

실은 아기 고양이마다 자기가 빠는 젖꼭지가 정해져 있다. 아직 사물이 보이지 않기 때문에 촉각과 후각만을 의지해서 자기만 쓰는 젖꼭지를 정해둔다. 아마 이렇게 해서 형제자매 간에 서로 젖꼭지를 차지하려는 불필요한 다툼을 예방하는 듯하다.

아기 고양이는 생후 얼마 동안 젖을 먹고 자고 또 먹는 생활을 반복한다. 아기 고양이는 아직 스스로 체온을 조절할 수 없기에 어미와 형제자매와 서로 몸을 바싹 대고 체온을 유지한다.

어미가 아기 고양이 항문 주위를 핥아주면 아기 고양이는 이에 자극받아 배설한다. 아기 고양이는 어미가 잘 핥을 수 있도록 꼬리를 세운다. 간혹 어른 고양이가 인간에게 먹이를 달라고 조르거나 어리광을 부릴 때 꼬리를 세우는 것은 그 자취라고 할 수 있다. 일종의 유아 퇴행이다.

아기 고양이의 배설물은 어미가 먹어버린다. 이렇게 하면 주위가 깨끗이 유지되고 적에게도 잘 들키지 않게 된다. 아기 고양이를 노리는 적이란 구렁이, 너구리, 까마귀뿐만 아니라 수고양이도 있다.

아기 고양이를 발견한 수컷은 순식간에 목덜미를 물어 죽이기만 하기도 하고, 아예 먹어치우기도 한다. 너무나 충격적이고 잔혹해 보이지만 수컷 입장에서 나름의 이유를 생각할 수 있다.

새끼 죽이기는 같은 고양잇과 동물인 사자의 수컷에게 흔히 있는 행동이다. 사자는 무리(프라이드)를 이룬다. 이 프라이드를 지배하고 있는 수컷이 한창 왕성한 시절을 보내고 힘이 약해지면 프라이드를 탈취하려고 노리는 외부의 젊은 수컷에게 공격받고 치열한 싸움 끝에 쫓겨나게 된다. 쫓겨난 수컷도 따지고 보면 그 전에 지배하고 있던 수컷을 쫓아내고 프라이드를 빼앗은, 외부에서 온 수컷이다.

사자 사회에서 이런 식의 프라이드 빼앗기는 자주 반복된다. 그리고 프라이드를 빼앗는 데 성공한 수컷은 이전 수컷의 새끼사자들을 잇따라 죽인다. 어미도 이를 막을 수 없다.

잔혹해 보이지만 새끼 죽이기를 행한 수컷에게도 나름의 이유가 있다. 암컷 사자가 새끼를 기르고 있는 동안에는 발정하지 않아 새로운 수컷과의 사이에서 곧바로 새끼를 만들 수 없기 때문이다.

무리를 접수한 수컷이 그 무리를 지배할 수 있는 기간은 불과 몇 년이다. 이 짧은 기간 동안에 자신의 자식을 많이 남기려면 이전 수컷과의 사이에서 난 새끼사자를 죽이고 서둘러 암컷을 발정시켜야 하는 것이다.

고양이는 사자처럼 무리를 짓지 않지만 새끼 고양이를 낳은 어미와 교미하지 않은, 즉 이 새끼 고양이의 아비일 리 없는 수고양이가 이런 새끼 죽이기를 하는지도 모른다. 이른 봄 번식에 실패한 암컷은 5월 전후에 다시 한 번 발정하기 때문에 이때 교미를 노리고 새끼 죽이기를 하는 것일 수도 있다. 수고양이가 새끼를 죽이는 이유가 사자와 같은지는 아직 증명되지 않았다.

여하튼 암고양이는 아기 고양이를 기르는 동안에는 다양한 적의 공격을 피하기 위해 매우 예민한 상태이다. 암컷 길고양이는 더 안전한 장소를 찾아 빈번히 양육 장소를 옮겨 다닌다. 무사히 출산에까지 이르렀어도 어미와 아기 고양이에게는 이처럼 여러 가지 시련이 기다리고 있다.

아기 고양이는 생후 2~3일이면 배꼽의 탯줄이 떨어지고, 10일쯤 지나면 체중이 약 2배에 이르고 드디어 눈을 뜬다. 하지만 사물이 확실히 보이기까지는 조금 더 시간이 걸린다. 아마도 아기 고양이가 맨 처음 보게 되는 것은 어미와 형제자매들, 그리고 집고양이라면 만면에 미소 띤 주인 얼굴일 것이다.

그리고 생후 2주경부터 아직 미덥지는 못하지만 네발을 움직이며 아장아장 걷기 시작한다. 제대로 걷고 어미 곁에서 약간 떨어진 곳까지 이동할 수 있으려면 아직 1주일 정도 더 걸린다.

아기 고양이도 3주째 들어서면 젖니가 나기 시작하고 이유 준비가 갖추어진다. 사람 아기가 생후 6개월 전후에 젖니가 나는 것을 감안하면 아기 고양이의 성장 속도는 무척 빠른 편이다. 이 시기가 되면 어미가 핥아주지 않아도 스스로 배설할 수 있고 집고양이라면 서서히 화장실(배변) 훈련을 시작해야 한다.

생후 4주째가 되면 달릴 수 있게 되고 형제자매와 장난치며 놀기 시작한다. 태어난 곳에서 멀리 벗어나 놀기도 한다. 이 시기에 어미는 적극적으로 수유하지 않기 때문에 아기 고양이는 젖을 달라고 조르지 않는 한 먹을 수 없게 된다. 집고양이인 경우에는 이 시기에 이유식을 주기 시작한다.

그리고 5, 6주째에는 거의 젖떼기가 완료된다. 어미 길고양이는 수유를 거부하는 대신 먹이를 갖다 준다. 동시에 어미가 아기 고양이와 함께 지내는 시간도 급격히 줄어든다. 적어도 이때부터는 '아기 고양이'라는 표현이 적절하지 않다. 인간에 비유하면 젖을 떼고 젖니가 다 나서 어른과 같은 것을 먹기 시작하고 기저귀를 떼고 자유롭게 돌아다니게 되는 셈이므로 더 이상 아기라고는 할 수 없다.

어미 고양이는 출산부터 수유를 마치기까지 약 한 달 반 동안 통상보다 1.5~2.5배의 칼로리가 필요하다. 길고양이는 주인이 충분한 먹이를 주는 집고양이와 다르게 아기 고양이에게 젖을 먹이는 한편 직접 먹잇감을 찾아다니지 않으면 안 된다.

아이노시마에서는 4월 무렵이면 새끼를 낳은 어미 고양이가 뱃가죽이 늘어지고 젖꼭지가 드러난 앙상한 몸으로 잔달음질하며 먹이를 찾아다니는 광경이 자주 눈에 띄었다. 그 모습은 귀기마저 감돌아서 나는 조사를 하다가도 어미 고양이에게 길을 양보하곤 했다. 어미가 먹이를 구하느라 아기 고양이가 혼자 있는 시간이 길어질수록 그만큼 위험에 노출되기 때문이다.

고양이 사회에서는 수컷이 먹이를 갖다 준다거나 어미가 없는 동안 아기 고양이를 보살피는 행동을 하지 않는다. 앞에서 설명했듯이 수컷은 오히려 위험한 존재이다. 어미는 빨리 아기 곁으로 돌아가지 않으면 안 된다.

길고양이에게서
볼 수 있는
공동 보육

　길고양이 사이에서 아기 고양이를 키우는 어미와 자매지간이거나 할머니 혹은 딸 같은 모계 혈통의 개체들이 한 곳에 함께 모여 살고 있을 때는 사정이 조금 달라진다. 혈연관계인 암컷끼리 공동 보육하는 경우가 있기 때문이다.

　혈연관계에 있는 암컷들은 발정 주기가 동조화되고 출산 시기도 거의 같아진다. 아마도 소변 속 성호르몬과 몸 냄새가 함께 사는 암컷끼리 서로 영향을 미치는 듯하다. 사람도 마찬가지로 간혹 여학생 기숙사의 같은 방에서 생활하는 룸메이트끼리 월경 주기가 같아진다고 한다.

　길고양이의 경우, 같은 시기에 아기를 낳은 혈연 개체끼리 서로 도

우면서 함께 키울 수 있다. 어미 고양이가 아기 곁을 벗어나 먹이를 구하러 다니는 동안에 다른 출산한 어미 고양이가 대신 젖을 주거나 체온을 유지해주고, 심지어 적의 공격으로부터 지켜주기도 한다. 길고양이 암컷에게 이처럼 모계 혈통이 함께 지내는 생활은 보육을 한결 수월하게 해줄뿐더러 새끼를 무사히 길러낼 가능성도 높여준다.

길고양이 사회에서 암컷이 태어난 곳에 머물며 모계 혈연의 집단을 형성하는 경향이 관찰되는 것도 이런 이점이 있기 때문인 것 같다. 실은 사자 무리(프라이드)에 속한 암사자들도 모두 혈연관계이고 마찬가지로 공동 보육을 한다. 고양이와 사자는 같은 고양잇과 동물임에도 서로 다른 습성을 지녔지만 사회성 면에서 공통점이 있다는 게 새삼 흥미롭다.

어미 고양이가 수고한 덕분에 아기 고양이는 무사히 이유를 마치고 이제 '어린 고양이' 시기로 접어든다.

어린 고양이 시기가
삶의 방식을
결정한다

　이유가 시작되는 '아기 고양이' 시기가 끝날 즈음부터 '어린 고양이' 시기까지는 고양이가 주위 환경으로부터 다양한 자극을 받고 경험하면서, 살아가는 데 필요한 것을 배워나가는 중요한 시기이다.

　아기 고양이에서 어린 고양이로 이행하는 생후 3～9주는 특히 '사회화기'라고 한다. 이 시기에 어린 고양이가 겪는 경험이 장래의 기호와 성격, 말하자면 이후 '고양이의 삶의 방식'에 큰 영향을 미친다.

　이 사회화기에 주인과 원활히 소통하고 사람에 대해 편안한 이미지를 갖게 되면 인간을 잘 따르는 고양이가 된다. 하지만 길고양이처럼 인간과 소통할 기회가 전혀 없으면 평생 인간을 경계하는 고양이가 되어버린다.

어미 고양이와 새끼 고양이들

아이노시마에서 7년간 길고양이를 연구하는 동안 내가 만났던 길고양이들은 대부분 사람을 전혀 따르지 않았다. 연구 기간 중에 사람에게 길들지 않은 길고양이들을 수없이 많이 만났고 같은 고양이와 하루에도 몇 번씩 마주쳤다. 그러나 한 번도 나를 따르거나 내게 다가온 고양이는 없었다.

섬에는 이런 길고양이들이 많이 살았다. 이렇게 길들지 않은 길고양이들이 인가가 밀집된 지역을 인간과 공유하며 살고 있는 것도 아주 신기한 일이다. 섬사람들도 이런 길고양이의 존재를 인정하고 있기 때문일 것이다.

한편 어린 집고양이는 사회화기에 다양한 것을 경험하게 해주면 장래에 낯을 가리지 않고 다른 고양이나 동물과도 사이좋게 지낼 수 있는, 성격이 안정되고 친근한 고양이가 된다.

예를 들어 고양이에게 장난감을 안겨준다든지 사람이 잘 놀아주고 개나 가족이 아닌 다른 사람과 접할 기회도 적극적으로 만들어준다든지 집 안을 마음껏 돌아다니게 해준다. 심지어 다양한 환경에 익숙해지도록 가끔 텔레비전이나 음악이 흐르는 다소 시끄러운 환경 속에 있게 해주는 것도 좋다.

어린 고양이에게 이 시기가 얼마나 감수성이 풍부하고 미래를 좌우하는지 시기인지 보여주는 흥미로운 사례가 있다.

형제자매 고양이뿐 아니라 쥐와 함께 자란 어린 고양이는 성묘가 된 후에도 함께 자란 쥐와 다른 종의 쥐는 죽여도 같은 종의 쥐는 죽이지 않는다. 이것을 동물학에서는 '각인 현상(임프린팅)'이라고 한다.

어린 고양이는 여하튼 잘 논다. 놀이 상대는 주로 한배에서 난 형제자매이다. 서로 추격전을 벌이거나 레슬링 같은 몸싸움을 하고 상대에게 살며시 다가가 갑자기 달려들고 또 등을 활처럼 구부리고 옆으로 걷기도 한다. 이처럼 어린 고양이가 이리저리 신나게 뛰노는 모습을 보고 있노라면 미소가 머금어진다.

어린 고양이는 이런 놀이행동을 통해서 신체 근육과 신경계가 성장한다. 게다가 다른 고양이와 만나면 어떻게 행동하고 싸우며 교미하는지 장차 '고양이 사회'에서 살아가기 위한 방법을 놀이를 통해서 훈련한다.

또 놀이는 타고난 육식동물로서 먹잇감을 사냥하는 훈련이기도 하다. 다양한 놀이를 경험할수록 미래의 사냥 기술을 잘 터득하게 된다. 인간의 눈에는 어린 고양이가 그저 천진난만하게 놀고 있는 것처럼 보이지만 놀이는 어린 고양이의 장래를 좌우하는 중요한 일인 것이다. 어린 고양이의 놀이는 생후 100일 전후를 정점으로 점차 줄어든다.

또 어린 고양이는 어미의 행동을 보고 많은 것을 배워나간다. 젖떼기가 끝나면 어미는 어린 고양이 앞에서 살아 있는 먹잇감을 죽여 그것을 먹는 모습을 보여주면서 먹잇감을 다루는 방법을 가르친다.

그 밖에도 어미는 살아가는 데 중요한 여러 가지를 어린 고양이에게 가르친다. 예컨대 어린 길고양이는 어미가 인간을 경계하는 모습을 옆에서 지켜보면서 어미를 따라서 인간을 두려운 존재로 인식하게 된다. 감수성이 풍부한 사회화기에 인간의 손에서 자라는 경우를 제외하고 길고양이로 나고 자란 어린 고양이는 결코 인간에게 길들여지지 않는 길고양이로 성장한다.

경계할 대상에는 인간뿐만 아니라 원래 고양이에게 위험한 존재인 개, 까마귀, 뱀 같은 생물도 있다.

어미의 행동을 보고 배우는 과정은 길고양이로 생존하기 위해 반드시 필요한데 어미가 이끄는 학습기간은 생후 3개월이면 끝이 난다. 이제부터 어린 고양이들은 직접 경험하고 자칫 목숨을 잃을지 모르는 일을 무수히 겪으면서 스스로 살아남는 법을 배워나가야 한다.

수컷의 자립,
암컷의 자립

　새끼 고양이가 생후 3개월이 지날 무렵부터 어미는 어린 고양이를 그다지 상관하지 않는다. 어린 고양이가 평소대로 다가오려고 하면 거부하며 공격하기도 한다. 어미 고양이 처지에서는 지금까지 새끼에게 해줄 수 있는 것은 다 해주었으니 앞으로는 자유롭게 살라는 뜻일까?

　'암컷'인 어미도 다음 계절의 번식에 대비해 양육으로 지친 몸을 회복하고 에너지를 축적할 필요가 있다. 동물은 살아 있는 동안 가능한 한 많은 자손을 남기려고 한다. 고양이는 야생동물의 습성이 거의 남아 있고 가장 가축답지 않은 가축이기에 더욱더 그렇다.

　그런데 어린 고양이가 독립할 때 수컷과 암컷은 큰 차이를 보인다.

어린 집고양이라면 어딘가로 입양 가지 않는 한 한집안에서 어미와 함께 살게 될 것이다. 그러니 밖에서 살아가는 어린 길고양이는 어미에게서 독립해서 앞으로 살 곳을 정할 때 무한한 선택지를 갖게 된다.

수컷 길고양이는 일반적으로 태어난 장소를 떠난다. 수컷은 영양 상태가 좋으면 생후 10개월 정도부터 번식이 가능해지기 때문에 어미 처지에서는 근친교배를 피하기 위해 그때까지 쫓아내려고 한다. 또 수컷 자신도 태어난 장소에서 벗어나려는 습성이 있기에 일반적으로 성적으로 성숙해지는 한 살 무렵까지는 태어난 곳을 떠나간다.

그러나 내가 길고양이 연구를 진행했던 아이노시마의 민가 지역은 길고양이 밀도가 높아서 각 고양이의 영역이 촘촘하게 밀집되어 있었기 때문에 어린 수컷 길고양이가 새롭게 제 영역을 만들어나가고 싶어도 할 수 없는 상황이었다. 특히 아직 어린 수컷은 다른 고양이를 물리치고 자신의 영역을 확보할 만큼 힘이 없기에 태어난 곳에 그대로 눌러사는 사례도 많이 관찰되었다. 어미 고양이도 번식기가 아니면 수컷 새끼를 적극적으로 배제하지는 않는 듯했다.

이런 수컷 어린 고양이들 중에 몇몇은 두세 살에 이르러 어느 정도 몸이 커지면 드디어 어미가 있는 지역을 떠나 다른 장소에 살 곳을 마련했다. 또 몇몇은 조사 지역에서 완전히 자취를 감추어버렸다.

나는 이들이 이미 죽어버렸을 거라고 멋대로 넘겨짚었다가 인가가 전혀 없는 섬 안쪽 숲속에서 우연히 발견한 적도 있다. 처음에는 어떤 고양이인지 몰라봤지만 외양의 특징을 근거로 이전에 작성한 개체 식별 카드를 살펴보니 몇 해 전 두 살 무렵에 불현듯 어미 곁에서 사라진 수고양이였다. 모습이 예전과 완전히 다르게 아주 늠름했다. 무엇보다 눈매가 야생 고양이 그 자체였다. 인가에서 멀리 떨어진 숲속에서 들새와 쥐를 잡아먹고 살았을 것이다. 집고양이를 포함해서 비슷한 사례가 몇 번 더 있었다.

자립할 시기에 이른 수고양이는―주위 환경에 따라 다양하지만―결국에는 새로운 거처를 찾아 어미 곁을 떠난다. 이는 고양이에게만 한정된 것은 아니고 다른 많은 포유류 사회도 비슷한 경향을 보인다. 곰곰이 생각해보면 인간 사회도 예외는 아니다.

어린 암컷 길고양이는 어미 곁을 떠나지 않는 예가 많다. 길고양이의 경우 모녀 혹은 자매끼리 사이좋게 한데 모여 지내는 광경을 자주 목격하곤 한다.

고양이 사회에서는 먹잇감이 넉넉하면 엄마랑 딸뿐 아니라 자매와 할머니까지 혈연관계인 암컷들이 종종 한곳에 모여 산다. 이를 모계사회라고 부르기도 한다.

이 모계사회의 이점 중 하나는 앞서 언급했듯이 혈연관계인 암컷끼리 공동 보육하는 것인데, 이렇게 하면 아기 고양이를 무사히 키울 가능성이 높아진다. 주지하다시피 고양잇과 동물에서 공동 보육의 전형적인 예는 사자 무리(프라이드)이다. 프라이드의 일원인 암컷 사자들은 모두 피를 나눈 친족 사이이다.

어미와 딸이 같은 곳에서 생활하는 또 하나의 장점은 좋은 장소(먹이가 풍부한 곳)를 어미에게서 딸에게, 딸에게서 손녀에게 물려줄 수 있다는 것이다. 수고양이는 양육에 전혀 관여하지 않기 때문에 암컷이 아기 고양이를 무사히 기를 수 있는지의 여부는 먹이 확보에 달려 있다. 임신과 수유 기간 중에는 평소보다 훨씬 많은 먹이가 필요하기 때문이다. 먹이가 부족하면 아기에게 충분한 젖을 줄 수도 없다.

먹을 것이 많이 있는 장소('먹이 장소'라고 함)야말로 암컷에게 중요한 자산이 된다. 이런 자산을 함께 사는 딸과 손녀에게 물려줄 수 있으면 이 모계 가족은 대대로 안락하고 편안하다.

또 그 장소에서 어미와 딸, 또는 자매가 함께 모여 살면 숫자가 힘이 되어 그곳을 노리는 다른 암컷들로부터 혈족의 자산을 공동으로 지킬 수 있다. 이것이 고양이 사회에서 암컷이 어미 곁을 떠나지 않는(어미와 함께 있도록 용납되는) 이유이다.

물론 이는 커다란 쓰레기장처럼 다량의 먹이가 안정적으로 공급되는 경우에 국한된다. 작은 규모의 쓰레기장이라면 이런 모계사회는 형성되지 않는다. 딸은 어미에게서 쫓겨나고 만다. 고양이의 놀라운 점은 주위 상황에 매우 유연하게 대응해서 여러 가지 유형의 고양이 사회를 형성할 수 있다는 것이다.

길고양이의
혹독한 환경

집고양이인 아기 고양이와 어린 고양이는 따뜻하고 청결한 집안에서 충분한 영양을 제공받고 어미 고양이뿐 아니라 주인에게 애정 어린 보살핌을 계속 받으며 자란다.

몸이 아프면 수의사에게 진료받을 수 있고 때때로 건강검진과 예방접종도 받는다. 타고난 질병이나 이상이 없다면 큰 고양이(성묘)가 되기 전에 죽는 일 없이 아기 고양이는 무럭무럭 자라서 어린 고양이가 되고 또 큰 고양이로 성장해나갈 것이다.

하지만 집 밖에서 살아가는 길고양이의 사정은 그렇지 않다.

아이노시마에서는 주로 어구창고에서 어미 고양이가 새끼를 낳는다. 출산 후 머잖아 젖을 뗀 어린 고양이들이 목조 창고의 틈새로

쏟아져 나와 뛰놀기 시작한다. 아장아장 거닐면서 형제자매와 놀이에 열중하는 모습은 어느 동물이나 마찬가지지만 아무리 오래 관찰하고 있어도 물리지 않는다. 이들은 내가 조금 다가가려고 하면 깜짝 놀라 금세 창고 안으로 숨어버린다.

그런데 처음 어린 고양이들을 만났을 때에는 4마리 형제자매였지만 한 마리가 줄고 또 한 마리 줄어 결국에는 한 마리만 남더니 그조차도 모습이 보이지 않게 된 적이 있다.

처음에는 어미 고양이가 위험을 느끼고 어딘가 안전한 장소로 새끼들을 데리고 갔나 보다고 생각했다. 어미 고양이와 그 새끼 고양이를 찾다가 얼마 안 가서 어미를 찾아낼 수 있었다. 그런데 예전처럼 먹이를 구하느라 열심히 동분서주하는 게 아니라 혼자 뙤약볕에 앉아 죽은 듯이 내내 잠만 자고 있었다. 마지막에 한 마리 남았던 어린 고양이의 자취는 더 이상 어디에도 없었다. 어린 고양이가 자립하기에는 너무 일렀기에 아쉽지만 죽었다고 결론 내릴 수밖에 없었다.

이런 사례는 아주 많아서 어미의 한 번 출산으로 태어난 아기 고양이 중 1~2마리가 한 살까지 살아남으면 양호한 편에 속한다.

내가 7년간 조사한 가운데 한배에서 난 형제자매 중에 가장 많이 생존한 수는 4마리였다. 어미의 이름은 '타마'였고 두 마리의 암컷과 두 마리의 수컷 어린 고양이들이 1년 이상 살았다. 두 마리의 암컷 새끼는 어미인 타마와 같은 지역에 살면서 타마에게는 손자뻘인 아기 고양이를 낳고 이후에도 죽 편안하게 지냈다. 타마가 죽은 지금도 그 지역에서는 타마의 모계 자손들이 먹이 장소를 지배하고 있다.

한편 두 마리 수컷 어린 고양이도 한동안 타마의 지역에 지냈지만 한 마리는 서서히 다른 지역으로 진출하였고 다른 한 마리는 네 살 무렵에 모습을 볼 수 없게 되었다.

아이노시마에서 타마 일족 같은 사례는 예외적이다. 대부분의 암컷이 매년 번식하지만 기껏해야 수년에 1~2마리의 새끼가 한 살까지 살아남았다. 태어난 직후의 길고양이 수를 확인하기가 매우 어렵기 때문에 정확한 개체수를 알 수 없지만 길고양이에게 비교적 좋은 환경인 아이노시마에서도 새끼 고양이가 한 살까지 살아남을 확률은 20% 전후로 추측된다. 즉 다섯 마리 중 한 마리만이 한 살까지 생존하는 것이다. 마을에서 자주 눈에 띄던 길고양이들은 그런 좁은 문을 통과한 행운의 생존자였던 셈이다.

길고양이는 이처럼 '고양이의 일생'이 시작된 시점에서 집고양이와는 비교도 안 될 만큼 엄혹한 환경을 견디며 살아가야 한다.

어린 길고양이의 사망원인은 다양하다. 가장 주된 원인이 무엇인지는 그 고양이의 영양상태와 자란 환경에 크게 좌우된다. 길고양이 아기는 엄마젖을 먹고 자라기 때문에 초유에 들어 있는 면역성분에 의해 생후 2~3개월경까지는 각종 질병으로부터 보호받는다. 하지만 초유 효과가 엷어지기 시작하면 어린 고양이도 여러 가지 병에 걸리게 된다.

거의 모든 길고양이들이 영양상태가 결코 좋다고 할 수 없기에 보통 집고양에게는 사소한 질병조차 길고양이에게는 종종 치명적이다. 특히 먹을 것이 부족한 추운 겨울에 어린 고양이가 감기에 걸리면 영양상태가 나쁜 형제자매가 차례차례 전염되어 다 죽곤한다.

근처에 사는 수고양이에 의한 새끼 죽이기도 빈도수는 정확히 알 수 없으나 어린 고양이의 사망원인 중 하나로 꼽힌다. 수고양이가 새끼 죽이기를 하면 한곳에 있는 모든 아기 고양이를 없애버리기 때문에 이런 지역에서는 새끼 죽이기에 의한 사망률이 높아진다.

그리고 어린 고양이가 다른 동물에게 잡아먹히는 경우도 있다. 도시에 서식하는 까마귀가 쓰레기를 뒤지거나 마구 헤집는 피해가 종종 보고되는데 이 까마귀가 어린 고양이를 덮쳐 잡아먹기도 한다. 어린 길고양이가 어미와 함께 쓰레기를 뒤지러 왔다가 까마귀에게 습격당하는 사례가 많다.

오래된 민가의 천장 속이나 처마 밑에 살면서 쥐를 잡아먹는 구렁이도 갓 태어난 아기 고양이 정도는 충분히 통째로 삼킬 수 있다. 또 산림이 가까운 교외에서는 너구리 등 잡식동물의 표적이 된다.

인간의 생활권 안에서 살아가는 길고양이는 교통사고로 사망하는 경우도 제법 많다. 아직 어미의 보호 아래 있는 아기 고양이와 어린 고양이 시기에는 위험을 숙지하는 어미와 함께 움직이기 때문에 교통사고를 당할 확률이 낮다.

하지만 어린 고양이가 어미로부터 자립해서 혼자 행동하기 시작하면서부터 교통사고를 당할 위험은 커진다. 독립한 어린 고양이들은 자신의 행동 범위를 조금씩 넓혀나가는데 특히 태어난 곳에서 벗어나려는 습성이 강한 수고양이는 이런 경향이 크다.

미지의 장소에 발을 들였다가 여태껏 본 적 없는 물체와 처음 들어보는 굉음에 겁을 집어먹는다든지 사람이나 개, 혹은 그 영역에 사는 길고양이에게 쫓겨서 차도에 뛰어드는 바람에 차에 치이곤 한다. 어린 고양이는 수차례 이런 위험한 상황을 겪고 운 좋게 살아남으면서 자동차의 존재와 마을 내 위험한 곳을 학습한다.

하마터면 목숨을 잃을 뻔한 위험한 일을 무수히 겪으면서 길고양이로 살아가는 지혜를 터득한 어린 고양이만이 성묘로 살아나갈 수 있다. 여기까지 왔으면 길고양이 중의 엘리트라고 칭할 만하다. 길고양이의 세계는 그만큼 생존하기에 험난한 세계이다.

길고양이 생태학을 권함

일본어 '노라네콜로지'는 내가 만든 조어이다. 일본어로 길고양이를 뜻하는 '노라네코'ラネコ'와 영어로 생태학을 의미하는 '에콜로지ecology'를 조합한 것이다. 즉 '노라네콜로지'란 '길고양이 생태학'을 뜻한다.

내가 20년도 훨씬 더 이전에 후쿠오카현 아이노시마 섬에서 '길고양이 생태학'을 연구하던 당시, 사람들은 나를 그저 기이한 일을 하는 사람으로 여겼고 내가 연구에 관해 이야기해도 좀처럼 이해하지 못했다. 길고양이 따위가 사람에게 무슨 도움이 되느냐는 말도 종종 듣곤 했다.

급기야 그들은 내가 고양이를 어지간히 좋아하는가 보다며 취미 삼아 하는 일로 생각했다. 사자나 고래, 원숭이 같이 대자연에서 살아가는 야생동물에 관한 연구는 그 취지나 의의가 널리 인정받고 있었지만 왜 하필이면 길고양이냐는 사람들의 물음은 어쩌면 당연한 것이었는지 모르겠다.

길고양이는 인간이 살고 있는 곳이면 어디서나 흔히 눈에 띄는 생물이고 누구나 쉽게 길고양이의 행동을 관찰할 수 있다. 또 털색과 털 무늬 등을 근거로 각 고양이를 판별할 수 있다. 초등학생이 자율탐구 주제로 삼기에도 안성맞춤이다.

하지만 관찰이라는 연구방법은 결코 가볍게 여길 게 아니다. 아직도 베일에 가려진 고양이의 수많은 비밀이 이런 관찰 연구를 통해서 밝혀지기 때문이다.

또 길고양이 연구 결과는 다른 야생동물의 생태를 규명하는 것과 연결된다. 세계 각지에서 길고양이 생태 연구가 이루어지고 있는 것은 이런 의의가 있기 때문이다. 길고양이 생태학은 대단히 의미 있는, '핫한' 연구인 것이다.

4장

사랑과 청춘

집고양이의
사랑의 시작

아기 고양이와 어린 고양이 시기를 무사히 보낸 고양이들은 어미로부터 독립해서 자유 행동을 하기 시작한다. 머잖아 수컷과 암컷의 몸은 번식 가능한 상태가 되고, 1년쯤 지나면 몸집도 성묘와 별로 차이 나지 않는다. 이 무렵이 되면 어린 고양이가 아니라, 젊은 고양이 혹은 청년기 고양이라고 봐야 한다.

젊은 고양이는 털이 반질반질하고 활동적이며 생기가 있다. 미래를 향해 자신의 가능성을 점점 넓혀 나가는 시기이다. 집고양이라면 집 구석구석을 탐색하기 시작하고 주인이 자신을 제멋대로라고 여기더라도 때로는 심할 정도로 제 뜻을 고집하면서 집안에서 자신의 가장 쾌적한 라이프스타일을 추구해나간다. 길고양이라면 주위에 있는 다른 고양이의 존재를 의식하기 시작하고 사랑과 싸움과 세력 확대 경쟁에 서서히 참여한다.

4장에서는 고양이의 일생 중 청년기부터 성묘까지 시기를 살펴본다. 야생동물에 가장 근접한 가축인 고양이의 일생 중 번식이라는 절정을 향해 돌진하는 젊은 고양이의 청춘과 성묘가 된 고양이들의 삶에 관한 이야기이다.

영양상태에 따라 차이는 있지만 암컷은 생후 6~10개월경이면 첫 발정이 일어나고 번식이 가능해진다. 수컷도 생후 10개월쯤 되면 번식 능력을 갖게 된다. 영양을 고루 갖춘 집고양이는 한 살 정도 되면 몸도 성묘나 다름없이 늠름해지고 번식도 가능해지기 때문에 이제는 어엿한 고양이라고 할 만하다.

한 살이 되기 전에 발정한 암컷이라 하더라도 주인이 적절히 보살펴주면 무사히 출산해서 아기 고양이를 기를 수 있다. 그러나 요즘 대부분의 집고양이는 그 전에 중성화 수술을 하는 게 일반적이다.

암컷에게 중성화 조치를 하지 않으면 고단백, 고칼로리 위주의 캣 푸드를 일상적으로 섭취하는 탓에 영양 과다 상태가 되어 1년에 여러 차례 출산하게 되고 순식간에 온 집안이 새끼 고양이로 가득 차기 때문이다. 입양을 보내려고 입양단체에 데려가도 새 주인을 만나기는 매우 어렵다.

예전에는 집안에 쥐가 많이 드나들었기 때문에 쥐를 잡는다는 고양이 본연의 중요한 임무가 집고양이에게 맡겨졌다. 많은 가정에서 고양이가 필요했고 고양이는 인간의 생활에 빼놓을 수 없는 동물이었다.

한편 당시는 오늘날처럼 먹을거리가 풍부하지 않고 끼니를 때우는 정도였기에 집고양이에게 돌아가는 몫도 잔반뿐이었을 것이다. 그래서 집고양이는 영양부족으로 새끼를 자주 낳을 수 없었다. 또 고양이 수가 부족해서 기르고 싶어도 기르지 못한 시절도 있었다. 이런 저런 이유로 불임 조치 따위 애써 하지 않고도 인간은 고양이를 수월하게 데리고 있을 수 있었다.

그러나 현재는 인간의 삶이 풍요로워지고 집고양이도 양질의 먹이를 누리고 있어서 불임 조치를 하지 않으면 고양이나 인간 모두 서로 불편을 겪는 실정이다.

집고양이의 경우 암컷뿐 아니라 수컷에게도 거세 조치를 하는 가정이 많다. 발정기 특유의 강한 소변 냄새와 울음소리가 주인과 이웃에게도 불편을 주기 때문이다. 또 발정기 때 수컷이 집을 뛰쳐나가서 연적과의 투쟁에서 부상을 입거나 심지어 고양이 면역부전 바이러스(이른바 고양이 에이즈)에 감염될 위험성도 있기 때문이다.

나는 수컷 길고양이의 발정기 행동을 오랫동안 관찰하면서 암컷을 둘러싼 수컷 간의 투쟁이야말로 수컷에게 '고양이의 일생' 중 가장 치열한 삶의 증거라고 생각해왔다. 그럼에도 수고양이의 중성화 수술은 집고양이가 인간 사회 속에서 주인과 함께 행복하게 살아가는 데 필요한 조치라고 생각한다.

중성화 수술을 받은 집고양이는 사랑을 나누며 청춘을 구가할 수 없는 대신 쾌적한 환경과 주인의 따뜻한 보살핌 속에 동료들과 함께 그 혜택을 누리는 '고양이의 일생'을 보장받는다.

길고양이의
사랑

길고양이는 집고양이만큼 영양이 충분하지 못해 성적으로 성숙하기까지 좀 더 시간이 걸린다. 물론 길고양이 중에도 고양이를 좋아하는 활동가들로부터 충분한 양의 캣푸드나 잔반을 정기적으로 공급받을 때는 한 살이 되기 전에 발정기를 맞이하고 암컷은 임신할 수 있게 된다. 아직 몸집이 그렇게 크지 않은 젊은 암고양이가 임신으로 불룩해진 배로 음식점이 즐비한 번화가 골목을 배회하는 모습을 나는 여러 번 목격했다.

아이노시마의 길고양이 중에도 젊은 암컷이 생후 한 살이 미처 되기 전에 발정하는 사례가 소수나마 있었다. 이들 젊은 암컷은 발정하면 수컷들에게 둘러싸여 구애를 받는데 성묘 암컷만큼 인기가 없고 수컷들도 그다지 많이 모여들지 않았다. 수컷들에게는 경험이 없는 젊은 암컷이 매력적으로 비치지 않는지도 모른다.

하지만 아직 작은 몸에도 불구하고 임신한 젊은 암컷이 더러 있었다. 아쉽게도 그런 젊은 어미 고양이가 낳은 새끼 고양이를 확인한 적은 한 번도 없다. 젊은 어미 고양이로서는 첫 경험인 데다 아직 몸이 완전히 성숙하지 않아서 양육과 수유에 돌릴 만한 에너지가 몸속에 충분히 쌓여 있지 않았는지도 모른다. 조숙한 젊은 암컷의 첫 경험은 씁쓰레한 결말을 맞았을 것이다. 이런 암고양이도 서너 살이 되면 구애와 교미를 하러 찾아오는 수컷이 많아져서 수월하게 임신과 출산을 하고 새끼 고양이를 무사히 키울 수 있게 된다. 이쯤 되면 암컷 길고양이로는 어엿한 성묘이다.

한편 수컷이 성적으로 성숙해서 정자가 생성되기 시작하면 생물학적으로는 자신의 새끼를 낳게 할 수 있다. 젊은 수컷 길고양이를 뒤에서 관찰하면 한 살이 될 때까지는 고환이 부풀어 올라 눈에 띄기 시작하므로 이때쯤이면 수정 가능한 정자가 만들어지고 있다.

그러나 아무리 생물학적으로 손색없는 정자를 만들 수 있다고 해도 젊은 수컷에게는 사회적인 시련이 도사리고 있다. 교미하려면 먼저 발정기의 암컷을 둘러싼 수컷 경쟁자들과 싸워서 이겨야 한다.

수고양이의 세계에서 올라서기 위해서는 일단 체격이 중요하다. 적어도 아이노시마의 수컷 사회에서는 몸 크기와 체중이 우열을 가리는 주된 요인이었다. 그리고 연령도 중요한 요인이다. 수고양이는 나이를 먹을수록 얼굴 폭도 커지고 보기에도 박력이 넘친다.

수고양이 사회에서는 몸 크기와 더불어 과거 전력을 바탕으로 한 일종의 당당한 자신감 같은 것이 중요하다. 힘 있는 수컷이 한번 노려보면 젊은 수컷은 무서워서 옴짝달싹 못 하거나 도망쳐버린다. 이런 수고양이 사회에서는 비록 생물학적으로 번식 가능한 젊은 수컷이라도 현실적으로는 교미와 번식 기회가 거의 없다.

젊은 수컷이 한 살에 발정기가 되면 암컷에게 적극적으로 구애하려고 하지 않는다. 몸 크기와 힘이 성묘 수컷에 전혀 미치지 못하는데다 대단히 공격적으로 구애하는 수컷에게 된서리를 맞기도 하기 때문이다.

암컷을 둘러싸고 경쟁을 벌이는 수컷들 틈새에 있던 젊은 수컷이 성묘 수컷에게 고양이 펀치 같은 공격을 받거나 물리거나 혹은 성욕의 대상(이는 동성애 행동으로 나중에 자세히 설명한다)이 되는 경우도 자주 있었다.

발정한 암컷이 있어도 젊은 수컷들은 멀리서 지켜볼 수밖에 없다. 발정한 암컷이 이동하면 젊은 수컷들도 거리를 유지하면서 이동한다. 구애하는 수컷과 교미하는 광경을 가만히 지켜보며 미래에 있을 기회에 대비해서 학습하고 있는지도 모른다.

또 어미 고양이가 발정했을 때 젊은 수컷으로 커버린 제 새끼가 다가가려고 하면 어미는 이를 생식능력을 지닌 수컷으로 간주하고 근친교배를 피하려고 호된 공격을 가하기도 한다.

이렇게 젊은 수컷의 사랑은 전혀 열매를 맺지 못하고 끝나버린다. 미래에 구애 행렬에 뛰어들어 자식을 만들기 위해서는 어떻게든 살아남아서 체격을 키우고 여러 가지 경험을 쌓아야 한다.

이처럼 변변찮아 보이는 젊은 수컷도 해가 거듭될수록 몸이 자라고 경험이 쌓여 세 살쯤 되면 구애와 교미를 둘러싼 경쟁에 참여할 수 있게 된다. 이렇게 되면 비로소 제구실할 수 있는 수컷 길고양이라고 할 수 있다. 제 뜻대로 자유롭게 살아가는 것처럼 보이는 길고양이도 번식할 수 있게 될 때까지는 고양이의 엄격한 경쟁 사회를 견디며 기다려야 한다.

고양이의
놀라운
감각기관

눈은 왜 빛날까?-시각

아기 고양이, 어린 고양이 시기를 마치고 신체적으로 성장하면서 외부세계로부터 정보를 받아들이기 위한 감각기관도 발달한다. 더 이상 어미의 보호를 받지 않게 된 고양이들은 스스로 주위의 정보를 수집해서 이를 바탕으로 상황을 정확하게 분석하고 판단하면서 혼자 살아나가야 한다.

성묘에 이르러 완성된 고양이의 감각기관은 과연 어느 정도의 능력을 지니고 있을까? 고양이의 오감(시각, 청각, 후각, 미각, 촉각)을 중심으로 살펴보자.

고양이는 지금부터 약 1만 년 전에 인간에 의해 가축으로 길러지기 시작했다. 그럼에도 고양이는 야생 사냥꾼에게 없어서는 안 될 예민한 오감을 잃지 않고 거의 완전한 형태로 여전히 유지하고 있다. 집고양이는 자신의 오감으로 인간과 다른 세계를 느끼며 한 지붕 아래서 하루하루 인간과 함께 생활하는 것이다.

인간과 고양이가 같은 대상을 바라보더라도 각자의 눈에 비치는 경치는 아주 다르다. 고양이의 시력은 인간의 10분의 1 정도이고, 눈에서 15cm 이내에 있는 물체는 잘 보지 못한다. 물체와의 거리가 2~6m 떨어져 있을 때 가장 잘 볼 수 있고 20m 이상 멀어지면 물체가 움직이지 않는 한 거의 인지하지 못하는 것으로 알려져 있다.

색상도 인간만큼 선명하게 보지 못한다. 고양이의 망막에는 색을 느끼는 시세포 수가 인간의 5분의 1 정도밖에 없고, 색 중에서 빨간색이 특히 안 보인다고 한다. 따라서 집고양이가 주인과 같은 경치를 바라본다고 해도 실제 보는 것은 아주 다르다. 붉은색이 가미된 인간에게 맛있어 보이는 색의 캣푸드가 아이러니하게도 고양이의 눈에는 그렇게 비치지 않는 것이다.

고양이의 외견상 특징 중 하나는 큰 눈이다. 인간은 고양이의 커다란 눈에 매력을 느끼는데 고양이의 시력이 인간보다 나쁘다는 이야기를 듣고 조금 실망한 독자도 있을지 모른다. 그러나 고양이의 눈은 다른 면에서 인간을 훨씬 능가하는 놀랄 만한 능력을 지니고 있다.

야행성 사냥꾼인 고양이는 색이 보이지 않아도 사냥에는 별로 지장이 없다. 오히려 색을 볼 수 있도록 눈을 진화시키면 어둠 속에서 사물이 보이지 않게 된다.

망막 위에는 색을 느끼는 추체세포(피라미드세포)와 밝기를 느끼는 간체세포(망막막대세포)라는 두 종류의 가늘고 긴 시세포가 섬모처럼 세로로 빼곡하게 늘어서 있다.

색을 잘 보게 하려고 추체세포의 비율을 늘리면 그만큼 간체세포의 비율이 줄어, 밝기를 느끼는 능력이 떨어진다. 인간보다 색을 잘 식별할 수 있는 조류는 밤에는 어둠 속에서 사물을 거의 볼 수 없다. 이는 고양이의 경우와 반대 방향으로 눈을 진화시켜온 결과이다(밤에 사냥하는 부엉이의 눈은 일반적인 조류와 반대이고 고양이와 유사하다).

또 고양이의 눈 구조는 주위의 빛을 가능한 한 눈 속에 받아들여 어두운 곳에서도 사물이 잘 보이도록 특수하게 진화했다. 그중 하나는 동공과 안구의 크기이다.

고양이는 동공을 어둠 속에서 최대 1.4cm나 확장할 수 있어(면적으로는 사람의 약 3배) 더 많은 빛을 외부세계로부터 눈 속으로 받아들일 수 있다. 또 고양잇과 동물은 머리 크기에 비해 안구가 아주 커서(고양이의 안구 지름은 22mm, 인간은 25mm이다), 어두운 곳에서 가능한 한 많은 빛을 눈 속에 받아들일 수 있도록 최대치까지 눈 크기를 진화시킨 듯하다.

심지어 안구의 내부구조에도 비밀이 있다. 인간과 고양이 모두 안구 가장 안쪽에는 망막이라는 막이 있다. 우리는 눈동자를 통해 들어온 빛이 망막을 통과할 때 빛을 느낀다. 고양이나 야행성 짐승은 인간과 다르게 망막 바로 뒤에 '타페탐'이라는 반사판 같은 막이 있다. 눈으로 들어온 빛은 한 번 망막을 통과하고 그 빛이 타페탐에서 반사되어 다시 한 번 반대 방향에서 망막을 통과하게 된다. 이렇게 하면 망막은 같은 빛으로부터 두 번 자극받게 되어 미세한 빛이라도 더욱 강한 신호를 뇌에 전달할 수 있다. 어둠 속에서 고양이 눈이 빛나는 것은 이 타페탐이 빛을 반사하고 있기 때문이다.

아이노시마에서 야간 조사할 때 길고양이 집회가 이루어지고 있다는 사실을 모른 채 회중전등을 비추었다가 깜짝 놀란 적이 있다. 전등 불빛을 타페탐으로 반사한 노란색, 녹색, 푸른색이 반짝이는 수십 개의 눈이 일제히 내 쪽을 향했기 때문이다.

이처럼 고양이는 큰 안구와 확장할 수 있는 동공으로 어둠 속에서도 가능한 한 많은 빛을 받아들이고, 타페탐이라는 특수한 구조로 눈에 들어온 빛을 증폭시켜 인간이 대상을 볼 수 있는 빛의 최소량의 6분의 1만으로 사물을 식별할 수 있다고 한다. 이는 고양이가 야행성인 사냥꾼으로서 진화시켜온 뛰어난 능력이다.

또 고양이의 눈은 동체시력과 입체시력이 뛰어나서 빠르게 움직이는 사냥감과 거리를 정확하게 판단하고 신속하게 반응해서 사냥감을 잘 잡을 수 있다. 특히 고양이는 동체시력*이 무척 탁월해서 고양이가 영화를 본다면 영상이 인간의 눈에 보이듯이 부드럽게 이어지는 게 아니라 한 컷 한 컷 단절된 상태로 연속되어 보일 것이다. 심지어 고양이의 시야는 280도나 되어서 한번 노린 사냥감을 쉽사리 놓치지 않는다.

인간과 고양이가 한집에 살더라도 인간에게 보이는 것이 고양이에게는 보이지 않거나 반대로 인간이 보지 못하는 것을 고양이는 볼수 있다. 같은 사물이라도 보는 방식이 완전히 다르다. 이를 알고 나니 인간과 고양이의 공동생활이 더욱 자극적이고 흥미롭지 않은가?

귀는 얼마나 좋을까?-청각

고양이는 청각이 특히 뛰어나다. 인간이 들을 수 있는 높은음(고주파수)은 2만Hz 정도지만 고양이는 6만 5천Hz까지 들을 수 있다고 한다. 즉 인간에게 들리지 않는 정도의 높은음을 고양이는 감지한다. 인간에게는 정적이 감도는 조용한 밤도 고양이에게는 아주 소란스

---

* 시력검사처럼 정지된 사물이 아니라 움직이는 물체에서 시선을 떼지 않은 채 그 움직임을 쫓아 판별해내는 시력

러운 밤일지 모른다.

특히 고주파수의 쥐 우는 소리(2만~9만Hz)가 들려오면 고양이는 금세 쥐가 내는 소리에 반응해서 탐색하기 시작한다. 고양이는 좌우의 귀를 따로따로 움직일 수 있기에 소리가 나는 장소의 방향과 거리를 정확하게 측정할 수 있다. 귀가 마치 레이더와도 같다. 귀 모양도 인간의 귀와 달라서 겉보기에도 소리를 모으는데 적합한 형태를 띠고 있다.

이처럼 고양이가 예민한 청각과 귀 모양을 갖추고 있는 이유는 조상 종인 리비아고양이를 비롯한 고양이가 쥐 등 살아 있는 소동물을 주요 사냥 대상으로 삼았기 때문이다. 땅속 굴이나 덤불 속, 천장 안이나 마루 밑 등 눈에 보이지 않는 장소에 쥐가 숨어 있어도 울음소리가 나는 방향으로 미루어 정확한 장소를 알아내고 사냥감 근처까지 살금살금 다가가서 사냥감을 잡는다. 고양이의 뛰어난 청각과 시각은 이처럼 먹이가 되는 사냥감을 잡기 위해 진화한 것이다.

고양이와 인간이 방 안에서 함께 음악을 듣는다고 해보자. 인간에게는 들리지 않는 고음역(2만Hz 이상)을 제거한 CD 등으로 디지털음원을 재생하면 고양이에게도 인간이 듣고 있는 것과 거의 같은 음악이 들린다. 고양이의 청각은 인간이 들을 수 있는 음역을 거의 다 포함하기 때문이다.

그러나 인간에게 들리지 않는 고음역이 기록된 레코드 같은 아날

로그 음원을 듣는다면 고양이는 인간이 감상 중인 음악과는 조금 다른, 고주파수가 들어 있는 유악을 즐기고 있는지(?) 모른다.

고양이가 서로 냄새를 맡는 이유-후각

고양이는 냄새를 분간하는 후각도 발달했다. 그 능력은 인간의 수만 배에서 수십만 배라고 한다. 물론 개가 인간의 100만 배의 후각을 지닌 데 비하면 고양이의 후각 능력은 조금 떨어지지만, 인간으로서는 상상조차 할 수 없는 냄새의 세계이다. 이러한 놀라운 능력을 지닌 동물과 인간이 함께 살고 있는 것이다.

고양이의 후각이 이처럼 뛰어난 이유는 고양이는 먹을 수 있는 것인지 아닌지를 맛이 아닌 냄새로 판단하기 때문이다. 길고양이는 쓰레기를 뒤질 때는 찬찬히 냄새를 맡으며 먹어도 되는지를 가늠한다.

고양이의 후각이 발달한 또 다른 이유는 사회적인 소통 수단으로 필요하기 때문이다. 고양이끼리 만나면 인간이 보기에 집요하리만치 서로의 냄새를 꼼꼼히 맡는다. 냄새를 통해 상대를 확인하고 동시에 상대의 발정이나 임신 여부, 건강상태 등의 정보를 수집한다.

인간도 길을 가다 지인을 만나면 대화를 나누며 서로의 근황을 확인하고 상대의 말투나 표정, 안색 등을 살피며 상대의 심신 상태를 알아내는데 이와 같은 이치다. 고양이는 인간처럼 대화를 주고받을 수 없고 시력도 별로 좋지 않으므로 냄새가 상대를 파악하는 중요한 실마리가 된다.

또 고양이는 상대를 직접 만나지 않아도 상대가 남겨놓은 냄새에 민감하게 반응하며 이것에서 정보를 얻는다. 길고양이는 거리에 남겨진 다른 고양이의 소변 냄새를 맡으면 어느 고양이의 것인지 알 수 있다. 발정기일 때나 혹은 이 시기가 가까워지면 수컷 길고양이는 자주 순찰하며, 남겨진 소변 냄새를 통해서 암컷의 발정상태를 확인한다. 또 그곳에 어떤 수컷이 와 있는지를 파악한다. 수컷과 암컷도 냄새를 매개로 적극적으로 소통한다.

암컷은 자신의 발정기가 다가오면 여러 곳에 소변을 남긴다. 자신의 소변에 들어 있는 성페로몬을 통해 발정상태를 주변 수컷들에게 알리기 위해서이다.

수컷은 꼬리를 올리고 뒤쪽에 있는 물체에 몇 방울의 소변을 내뿜는다(이를 스프레이 마킹이라고 한다). 이렇게 소변으로 마킹해서 그곳이 자신의 영역임을 다른 수컷들에게 발신한다. 이 행동은 강한 수컷일수록 잘 보여준다.

또 소변뿐 아니라 대변을 파묻지 않고 드러내 그 냄새로 자신의 존재와 영역을 다른 고양이들에게 어필한다. 간혹 등산로 주위 바위 위에 어른의 새끼손가락만 한 짐승 똥이 있는 것을 볼 수 있는데 이

수컷의 스프레이 마킹

는 고양이 같은 식육목(고양이목) 동물인 담비가 한 짓이다. 자신의 영역을 동료들에게 알리려고 일부러 눈에 띄는 곳에 배설한 것이다.

이처럼 동물은 분뇨를 통해 정보를 주고받는다. 인간의 코로는 그저 냄새만 느낄 뿐인 동물의 분뇨에 인간이 감지할 수 없는 중요한 정보가 가득하다. 마을에서 민원의 대상이 되는 고양이의 분뇨는 고양이에게 중요한 소통 수단이다. 결코 사람들을 곤란하게 하려는 것도, 못된 장난이나 변덕을 부리는 것도 아니니 고양이를 좋아하는 사람은 이해해주기 바란다.

고양이의 후각은 인간의 냄새도 분간할 것이다. 주인이 집에 돌아오면 고양이가 곁에 다가와 인사하면서 주인의 냄새를 확인하며 동시에 주인이 밖에서 무엇을 먹고 왔는지, 누구와 만나고 왔는지 따위도 아마 전부 꿰뚫어볼 것이다. 하지만 안심하시라. 고양이는 말을 할 수 없으니 가족에게 고자질하지는 않는다.

실은 미식가가 아니다—미각

고양이는 냄새로 먹을 것을 판별하기에 일반적으로 미각은 별로 발달하지 않았다고 한다. 혀 위에 늘어선, 맛을 느끼는 감각기관인 맛봉오리(미뢰. 혀 유두에 있는 미각신경의 말초기관)의 수는 인간의 10분의 1 이하이다.

고양이가 가진 기본적인 미각은 단맛, 신맛, 쓴맛, 매운맛으로 인간과 같지만, 고양이는 단맛에는 그다지 민감하지 않다. 반면 쓴맛과 신맛에는 민감한데 이는 독물이나 상한 음식을 가려내기 위해서이다.

고양이는 먹을 것에 대한 호불호가 심해서 맛에 까다로운 생물이라는 인상이 있지만, 고양이의 취향은 미각이라기보다 음식 냄새에 따른 것이고 또 사회화기에 각인된 음식에 영향을 받는 듯하다.

수염은 레이더-촉각

아이들에게 고양이 얼굴을 그리게 하면 아무리 독창적인 그림에도 수염은 꼭 빠지지 않고 그려져 있다. 아이들 눈에도 수염은 고양이에게 없어서는 안 되는 것으로 비치는 모양이다.

사실 수염은 고양이에게 아주 중요한 감각기관 중 하나이다. 이 수염을 촉모觸毛라고 하는데, 코와 입 사이뿐 아니라 눈 위와 광대뼈 언저리, 그리고 입 아래에 얼굴 바깥쪽을 향해 방사상으로 나 있다.

촉모는 일반 체모와는 다르게 굵고 길다. 촉모의 모근에는 수많은 감각수용기가 집중해 있다.

이 촉모가 무언가에 닿아서 아주 살짝만 움직여도 그 자극을 감지할 수 있다. 고양이는 공기의 흐름이나 기압까지도 느낀다고 한다. 이것이 얼굴 중심에서 방사상으로 밖으로 뻗어 있으니 고양이에게는 몸의 맨 앞쪽에 달린 일종의 레이더나 센서인 셈이다.

고양이는 눈앞 가까이에 있는 물체는 그다지 잘 보지 못하지만, 어둠 속에서도 눈앞의 사냥감이 수염에 닿거나 그 움직임이 공기의 흐름으로 느껴지면 사냥감의 위치를 정확하게 알아내어 사냥감을 정확하게 물어 죽일 수 있다.

또 고양이는 촉모를 자유자재로 움직인다. 사물의 냄새를 맡을 때는 방해가 되지 않도록 수염을 얼굴에 딱 붙이고, 걸을 때는 수염을 앞으로 내밀어서 전방을 탐색하는 센서로 작동시킨다. 또 수염의 방향에 따라 그때그때의 감정도 표현하기에 수염을 보고 집고양이의 기분도 이해할 수 있다.

이처럼 고양이의 오감은 인간과는 아주 다르다. 인간이 고양이와 같은 감각을 체험할 수는 없지만, 그 차이를 알기만 해도 서로 더 쾌적하고 행복한 공동생활을 할 수 있지 않을까?

고양이에게는 주인인 인간이 너무나 둔감하고 어쩌면 무능해서 의지할 게 못 되는 생물로 비치고 있는지도 모른다. 그래도 고양이는 그런 인간을 가만히 따라준다.

뛰어나고
재빠른
운동능력

　고양이의 운동능력이 뛰어나다는 사실은 고양이를 길러보지 않은 사람도 인정할 것이다. 고양이는 최고 시속 $48km$로 질주할 수 있다. 이를 초속으로 환산하면 $13.3m$로, $100m$ 기록으로 치면 7초대가 된다. 몸집은 작지만 인간의 능력을 능가한다. 다만 이 속도는 수초 동안만 유지할 수 있다.

　고양이는 이런 평면적인 움직임뿐 아니라 입체적이고 다이내믹한 움직임에도 탁월한 능력을 발휘한다. 길고양이는 길을 다니다가 위험이 닥치면 닌자처럼 사뿐히 담장으로 뛰어올라 화를 면한다. 우리는 이따금 어떻게 올라갔을까 궁금해질 정도로 높은 담장이나 지붕 위에서 아등바등 일하는 인간 세계를 내려다보듯 유유자적하는 고양이의 모습을 발견하곤 한다. 그런가 하면 나무에 올라가 들새를 잡으려고 야생의 본능을 드러낸 고양이와 마주칠 때도 있다.

고양이는 도약력이 대단히 뛰어나서 체고의 5배 정도 높이까지 뛸 수 있다. 약 1.5m로 어른의 어깨높이 정도까지 바닥에서 뛰어오를 수 있다. 이런 도약이 가능한 것은 탄력 있고 유연한 척추와 강력하고 뛰어난 순발력을 자랑하는 뒷다리 근육 덕분이다.

또 고양이가 폭이 좁은 담장 위를 사뿐사뿐 걷고 집 안에서 놀 때도 마치 곡예비행 같은 움직임을 보이는 것은 뛰어난 균형감각 때문이다. 이 균형감각은 귓속에 있는 반고리관에 의한 것으로 고양이는 반고리관이 매우 발달해 있다.

고양이가 높은 곳에서 떨어져도 곧바로 빙그르르 회전해서 자세를 바로잡고 무사히 착지할 수 있는 것은 균형감각과 반사신경, 그리고 충격을 흡수하는 유연한 골격과 근육 덕분이다.

고양이 펀치의 비밀

'개'는 앞발(앞다리)로 사물을 내리치지 못한다. 개의 앞발은 앞뒤로 움직여 걷거나 달리는 기능에만 특화되어 있다.

그러나 고양이의 앞발은 앞뒤는 물론 좌우로도 자유롭게 움직이는 운동능력을 갖추고 있다. 고양이는 개와 다르게 앞발을 이동할 때만 사용하지는 않는다.

고양이는 앞발을 이용해서 주인의 다리를 부둥켜안기도 하고 권투의 훅hook처럼 고양이 펀치를 연속으로 날리기도 하고 나무에 달라붙어 오를 수도 있다. 앞발을 자유롭게 움직이는 고양이의 능력은 고양잇과 동물 특유의 사냥 방식을 통해 획득한 것이다.

고양잇과 동물의 사냥 방식은 사냥감에게 소리를 내지 않고 살금살금 다가가거나 혹은 매복해 있다가 사냥감이 가까이에 오면 순발력을 발휘해 단숨에 덮쳐 일격에 제압하는 식이다. 그리고 사냥감의 목뼈를 엄니tusk로 순식간에 부러뜨려 숨을 끊어놓는다. 그렇지 못하면 사냥감이 날뛰어서 거꾸로 호된 반격을 당한다.

고양이가 사냥감을 즉살할 수 있는 것은 상대에게 달려들자마자 발톱을 세워 상대의 목과 어깨를 꽉 붙잡을 수 있는 앞발의 힘 덕분이다. 앞발을 자유자재로 움직이기 때문에 단숨에 사냥감의 척수신경에 정확하게 치명타를 가할 수 있는 것이다.

새끼 고양이가 날듯이 빨리 달리고 높이 뛰어오르고 또 뒷발로서서 물체를 끌어안으며 노는 것은 고양잇과 특유의 사냥에 필요한 운동능력을 훈련하는 것이다. 천진난만하게 놀고 있는 것처럼 보여도 실은 살상 방식을 연습하는 것으로 고양이는 역시 보통 가축이 아니다.

길고양이는
어떻게 자신의
거처를 만들까?

　어미 길고양이는 새끼가 생후 3개월 정도 되면 다음 번식을 위해 새끼를 멀리하기 시작한다. 어린 고양이 역시 신체적으로 성장해서 운동능력이 발달하면 여태껏 함께 지냈던 어미와 형제자매에게서 차츰 바깥세상으로 관심을 돌리게 된다.

　수고양이는 한 살 전후로 번식능력을 갖기 시작하기에 근친교배를 피하기 위해 어미와 자매로부터 기피의 대상이 된다. 이때부터 어린 수고양이도 태어난 장소에서 벗어날 준비를 서서히 시작한다.

　그렇기는 해도 태어난 지 반년 정도밖에 되지 않았는데 태어난 곳을 불쑥 떠나버리는 일은 너무나 위험하다. 길 떠난 어린 수고양이는 대부분 다른 고양이들의 영역에 들어섰다 내쫓기고, 떠돌아다니다

결국에는 굶주려 비를 맞으며 길가에 쓰러져 죽거나, 생존방법을 미처 익히지 못한 채 도로에 뛰어들었다가 사고를 당해 죽고 만다.

운이 아주 좋아서 고양이를 좋아하는 누군가가 발견하고 먹을 것을 갖다 주기 시작하면 어린 고양이는 그곳에 정착하게 될 것이다. 혹은 야산으로 흘러 들어가 야생 본능에 의지하여 소동물을 잡아먹으며 생존 방식을 스스로 터득하는 경우도 있을 것이다.

내가 관찰했던 아이노시마 길고양이 사례를 보면 수컷들 대부분이 어미의 죽음으로 그 장소를 다른 성묘에게 빼앗기는 경우 말고는 어미들이 있는 곳을 중심으로 조금씩 자신의 행동 범위를 넓혀나갔다. 몸이 아직 다 자라지 않은 동안에는 다른 길고양이의 영역에 쭈뼛쭈뼛 발을 들여놓았다가 위협을 당하거나 내쫓기지만 점차 몸이 커지고 여러 가지 경험을 쌓으면서 이번에는 거꾸로 다른 무리의 젊은 고양이를 물리칠 수 있게 된다. 어미가 있는 무리를 중심으로 움직이면서 점차 행동 범위를 멀리까지 넓혀나가는 식이다. 그러면서 서서히 수고양이로 살아나가는 자신감을 갖기 시작한다.

수컷은 여행을 떠난다

젊은 수고양이가 성묘와 견주어도 뒤지지 않을 정도로 성장하면

다 그런 것은 아니지만 대개 익스커션^{excursion}이라는 짧은 여행을 떠난다. 이는 자신이 살던 장소에서 멀리 벗어나 지금껏 가본 적 없는, 완전한 미지의 지역을 수주일 정도 여행하는 행동이다.

내가 관찰한 바로는 얼마나 멀리 떠나느냐는 제각기 다르지만 대개 두세 살 무렵 이후의 수컷에게서 이런 행동을 볼 수 있다.

수컷 길고양이가 자신이 사는 지역을 벗어나 여행 중일 때 만나면 나는 그 고양이의 이름이 퍼뜩 떠오르지 않곤 했다. 그것은 내가 길고양이를 조사할 때 고양이의 얼굴, 모습, 이름, 그리고 주로 활동하는 장소를 무의식적으로 한데 묶어 기억하기 때문이다. 게다가 수컷 길고양이도 왠지 겁을 집어먹은 듯 표정이 평소보다 험상궂어 보여서 더욱더 알아보기 어려웠다.

여행을 떠난 수컷 길고양이는 수일 동안 한곳에 머물러 있는가 하면 또 다른 장소에서 눈에 띄기도 한다. 대개 수주가 지나면 어미가 있는 원래의 장소로 돌아오는데 거의 대부분 몰골이 꾀죄죄하고 상처를 입었거나 수척해진 상태였다.

미래에 자신이 살 만한 곳을 찾으러 다닌 것일까? 어쩌면 '고양이 사회'의 전체 모습을 알고 싶어 여행을 떠났었는지도 모른다. 인간에 비유하자면 배낭 하나 둘러메고 해외의 여러 나라를 여행하는 가난한 학생 배낭족인 셈이다.

야산에 들어가는 길고양이도 있다

수컷은 성장할수록 점차 행동 범위가 넓어져서 이윽고 다른 무리의 먹이 장소에도 나타나기 시작한다. 처음에는 그 무리의 암컷과 수컷들로부터 위협을 당하기도 하지만 여러 번 거듭하는 사이에 조금씩 그들과 어울리게 된다. 서로 안면을 트고 나면 외부에서 온 고양이의 존재를 인정하는 것인지, 매번 위협하기가 귀찮아진 것인지 그 이유는 알 수 없다.

처음 무리와 어울릴 때는 먹이 장소에서 원래 있던 길고양이들이 먹는 광경을 먼발치에서 바라보다가 그들이 먹이를 다 먹고 사라지면 남은 것을 훑어 먹는다. 이 신참 수컷 길고양이가 몸집이 더 커지고 많은 경험을 하면서 새로운 장소에서 존재감이 커지면 그곳이 그의 거처가 된다.

모든 수컷이 이런 식으로 정착하는 것은 아니다. 어미 고양이의 무리에 계속 머물며 더부살이를 하는 놈도 있고 마을에서 떨어진 산속에서 소동물을 사냥하며 야생 고양이로 살아가기도 한다.

이렇게 야생으로 돌아간 길고양이가 아주 이따금 인가 근처에 나타나기도 한다. 눈매가 매우 날카롭고 흉포해 보여서 한번 노려보기만 해도 커다란 수고양이들조차 도망쳐버린다. 나는 이런 수고양이를 '산골 영감'이라고 불렀다.

산골 영감(Photograph by NAGAI Yuzuru)

집고양이와
길고양이 중
어느 쪽이 행복할까?

집고양이와 길고양이 모두 생물학적으로는 '집고양이'라는 같은 종으로, 둘이 번식해서 새끼를 만들 수는 있다. 그러나 생활, 생태, 그리고 '생존 방식'이 전혀 다르다.

집고양이와 길고양이의 일생은 태어날 때부터, 아니 어미 뱃속에 있을 때부터 다르다.

집고양이는 임신 중에 영양이 풍부하고 균형 잡힌 먹이를 먹고, 그 덕분에 어미 뱃속에 있는 고양이 태아는 무럭무럭 자란다. 어떤 문제가 생기면 동물병원에서 적절한 조치를 받는다. 갓 태어난 아기 고양이는 따뜻하고 쾌적한 장소에서 인공 우유와 영양소가 풍부한 이유식을 먹는다. 건강진단은 물론 질병에 걸리지 않도록 예방접종을 받고 인간의 보살핌 속에서 대개 가족의 일원으로 자라나간다.

　한편 길고양이 어미는 임신이나 수유 중에도 필요한 에너지원을 자신의 몸에 축적된 지방으로 충당하고, 먹이를 찾아 나서 스스로 먹이를 확보해야만 한다. 아비일 가능성이 있는 수고양이나 인간은 전혀 도와주지 않는다. 이것만으로도 대단한 일이다.

　심지어 어미가 제 살을 깎아가며 열심히 길러도 아기 고양이와 어린 고양이는 천적에게 습격당하거나 영양실조나 병에 걸려 대부분 죽고 만다. 새끼가 간신히 젖을 떼고 어미로부터 자립하더라도 어엿한 길고양이로 살아남기까지 수많은 험난한 장애물을 넘어야 한다.

　여기까지 읽은 독자들은 집고양이가 얼마나 복이 넘치고 반대로 길고양이는 얼마나 불쌍한 생물인가 하고 생각할지도 모른다.

　집고양이는 분명 영양과 건강의 측면에서 더할 나위 없는 삶을 누리고 있다. 그러나 대부분의 집고양이는 번식이 가능해지기 전에 중성화 시술을 받는다. 생물학적으로 자신의 유전자를 다음 세대에 물려줄 수 없게 된다. 설사 이런 조치를 받지 않더라도 한 집에 이성 고양이가 없고 오직 실내에서만 사육되면 인위적인 교배를 하지 않는 한 번식할 기회는 거의 없다.

　반면 길고양이는 중성화 조치를 받은 '지역 고양이'가 아닌 한 무사히 어엿한 성묘로 자라면 수컷은 자유로운 연애 경쟁에 참여할 수 있고 암컷도 새끼를 낳을 기회를 갖는다. 물론 수컷은 라이벌 수컷과의 무시무시한 경쟁에서 이겨야 하고 암컷은 그야말로 온몸을 불사르며 새끼를 낳고 기르지 않으면 안 된다.

길고양이의 평균수명은 보통 3~5년 정도로 집고양이 수명의 3분의 1에 불과하다. 길고양이는 집고양이에 비해 아주 짧은 기간을 드라마틱하게, 굵고 짧게 내달리는 일생을 사는 것이다.

이렇게 보면 집고양이와 길고양이 중 어느 쪽이 행복하고 어느 쪽이 불행한지 섣불리 판단할 수 없지 않을까? 다음은 아이노시마 주민이 들려준 이야기이다.

섬 안의 어느 민가에서 놓아 기르던 집고양이가 어느 날 문득 사라졌다고 한다. 집 밖으로 자유롭게 나다니던 고양이였기에 주인은 어디선가 사고를 당해 죽었나 보다고 생각했다. 그런데 몇 년이 지난 후에 산속에 있는 것을 우연히 발견했다. 주인은 설마 하고 집에서 키우던 시절의 이름을 불렀더니('찬토랑'이라고 기억한다) 고양이가 울음소리를 내며 다가왔다. 고양이는 집고양이 시절에 비해 눈매가 훨씬 날카로웠는데 주인이 예전처럼 끌어안으려다가 물리고 말았다. 이후 그 고양이는 해마다 수차례 주인 앞에 나타났다. 고양이는 주인의 발에 머리와 몸을 거칠게 비비며 인사하고 느닷없이 다리를 물기도 했다(알랑거리며 무는 것치고는 아팠다고 한다). 그리고 수년 후에는 완전히 모습을 볼 수 없게 되었다고 한다.

이처럼 날마다 먹이를 제공받는 안락한 생활을 포기하면서까지 험난한 야생의 삶을 스스로 선택한 고양이도 존재한다. 인간 세계에서 하는 이른바 '출가'라고 할까? 인간들도 삶의 방식이 제각기 다르듯이 고양이에게 어떤 삶이 행복한지는 고양이마다 다른 것이다.

고양이 사회에
보스가 있을까?

　동물 사회에는 종종 '보스'가 존재한다. 한 예로 일본원숭이 무리에는 그 정점에 선 절대강자인 수컷 원숭이가 있다. 또 내가 사우디아라비아 왕국 산악지대에서 연구한 망토개코원숭이 무리에도 리더 수컷인 보스가 있었다.

　일본원숭이나 개코원숭이와 같은 영장류인 인간 사회에서도 회사나 관청 등의 조직에는 반드시 서열이 존재하고 보스 격인 사람이 있다. 다만 인간 사회에서는 여성 사장이나 여성 시장이 있듯이 수컷만이 보스가 되는 것은 아니다.

　고양이와 같은 식육목(고양이목) 동물인 개는 어떨까? 개과인 늑대 무리에도 보스가 존재한다. 보스의 존재는 무리 지어 살면서 사냥 등의 공동작업을 할 때 내부의 불필요한 싸움을 방지하고 공동작업의 사령탑으로 무리 전체의 이익을 이끌기 위해 필요하다.

그러나 고양이는 기본적으로 단독으로 행동하고 무리를 이루지 않는 동물이다.

아이노시마의 길고양이처럼 무리를 만드는 경우도 있지만 이것은 다량의 먹이(생선 찌꺼기)가 섬 내 몇몇 곳에 집중되어 있기 때문에 길고양이들이 그곳에 정착한 것일 뿐이다. 먹이가 공급되지 않으면 길고양이 무리는 뿔뿔이 흩어지며, 새로운 장소를 찾으러 집단으로 이동하지도 않는다.

이런 고양이 사회에 과연 보스 고양이가 존재할까?

적어도 원숭이나 개 무리에서 볼 수 있는 리더 격의 '보스'는 없다. 다만 무리 내 수컷 사이에 형성된 상하관계에서 순위가 높은 수컷은 역시 존재하기 마련이다.

수고양이들의 상하관계는 일상적인 교류, 즉 먹이 장소에 모였을 때나 순찰 중 맞닥뜨렸을 때 서로를 인지하고, 위협하고, 번갈아 울어대고, 싸우는 행위를 통해서 정해진다. 수컷끼리 투쟁능력을 드러내고 맞부딪치는 싸움으로까지 발전하는 경우는 발정기를 제외하면 거의 없다.

상하관계를 결정짓는 주된 요인은 몸 크기와 신체능력, 투쟁 전력을 근거로 한 자신감과 더불어 자기가 어디에 있느냐는 장소에 의존하는 심리적인 요인도 큰 듯하다. 아무리 평소 활동하는 지역이 중심부이고 자신이 그곳의 강자라고 해도 그곳을 벗어나 주변부로 가면 작은 수컷에게 위협당하기도 한다. 고양이 사회의 상하관계나 서열은 무리를 이루는 다른 동물에 비해 의외로 느슨한 편이다.

그렇다고 해도 무리 안에서 몸집이 압도적으로 크고 다른 수컷들도 맞닥뜨리면 도망가 버릴 정도로 절대적으로 강한 수고양이는 존재한다. 이런 수고양이를 보스라고 불러도 좋을지 모르겠다.

다만 이 보스는 부하를 이끌고 사냥하거나 무리 내 다른 고양이들을 적으로부터 지키는 등 다른 동물 무리에서 볼 수 있는 리더 역할은 일절 하지 않는다. 어디까지나 고독하고 제멋대로인 것이 고양이 사회의 보스이다.

고양이의
하루

일반적으로 인간 사회에서는 일찍 자고 일찍 일어나는 것을 바람직한 것으로 본다. 많은 사람들이 아침에 일어나서 낮에 일하고 밤에는 잠을 자는 규칙적인 생활패턴을 반복한다. 그러면 고양이는 어떨까?

집고양이라면 밥을 먹거나 노는 시간 외에는 대개 집안에서 가장 편안하다고 생각하는 장소에서 종일 뒹굴거나 잠을 잔다. 그런가 하면 주인이 잠을 자고 있든 아니든 관계없이 한밤중에 대운동회하는 것처럼 야단법석을 떨기도 한다.

고양이의 원종인 리비아고양이나 근연 관계인 소형 야생 고양이도 배가 부를 때는 대부분 꼼짝하지 않고 쉰다. 그러나 이들은 하루

중 활동 시간대가 정해져 있는데 한밤중에서 동틀 녘까지, 그리고 해 질 무렵인 저녁 시간에 활발하게 움직인다. 이는 '박명박모薄明薄暮'라 고 해서 야생 고양이의 주된 먹이인 쥐 등이 가장 활발하게 활동하는 시간대이다. 동시에 야생 고양이에게는 사냥 시간이 되는 셈이다.

오늘날의 고양이도 이 습성을 이어받았기 때문에 집고양이라고 해도 밤이 되면 날뛰고 싶어지는 것이다.

그러면 길고양이는 어떨까?

나는 고양이의 하루를 자세히 알기 위해 길고양이의 24시간을 여 러 차례 추적 조사한 적이 있다. 이것은 한 마리의 고양이를 24시간 추적하면서 시간별로 행동을 관찰하고 기록해나가는 것이다.

여러 마리의 길고양이를 대상으로 춘하추동 각 계절에 실시하는 조사는 그야말로 지옥이었다. 밤을 새우는 것은 물론이고 관찰하는 동안에는 밥도 먹을 수 없다.

여름에는 조사 대상인 고양이가 바람이 잘 통하는 그늘에서 편안 히 낮잠을 자고 있을 때 나는 조금 떨어진 땡볕이 내리쬐는 곳에서 내내 관찰하지 않으면 안 된다. 또 한밤중에 사람이 사는 집 마당으 로 들어간 고양이를 뒤따라가 안에서 새어 나오는 집주인의 코 고는 소리를 들으면서 계속 관찰한 적도 있다.

변덕스러운 길고양이의 하루를 추적 조사하는 것은 아주 힘든 작 업이었다. 당시는 내가 젊어서 가능했던 것 같다.

그러면 길고양이들은 어떤 하루를 보내고 있었을까?

길고양이들이 가장 활발하게 움직이는 활동시간대는 계절에 상관없이 아침, 그리고 해 질 녘에서 밤 사이에 걸쳐 있었다. 이것은 야생고양이의 박명박모薄明薄暮형 습성을 이어받았기 때문이기도 하고 먹이 장소에 쓰레기가 나오는 시간대가 이때였기 때문이다.

섬사람들은 아침과 저녁에 물고기를 다듬고 남은 쓰레기를 버리러 쓰레기장에 찾아온다. 섬에 사는 길고양이들은 이 시간대에 맞춰 활동했다. 이것은 집고양이가 정해진 식사시간이 되면 안절부절못하기 시작하는 것과 같다.

만약 사람들이 쓰레기를 버리는 시간이 한밤이거나 정오였다면 길고양이들이 그 시간에 맞춰서 활동을 개시했을 것이다.

섬의 길고양이들은 해 뜰 무렵에 먹이를 먹고 나면 해 질 녘에 쓰레기가 나오는 시간까지 각자 편안한 장소에서 낮잠을 자기도 하고 그루밍하기도 하면서 유유자적 시간을 보냈다. 그리고 낮잠 자는 틈틈이 갑자기 생각난 듯 자신의 영역을 순찰하곤 했다. 아이노시마 섬의 길고양이들은 먹이가 비교적 풍부한 상황이어서인지 보기에도 한가로운 하루를 보내고 있었다.

그렇다고 일 년 내내 이렇게 유유자적한 생활을 하는 것은 아니다. 한겨울 발정기가 되면 수컷 성묘들은 발정한 암컷을 찾아다니고 발정한 암컷 곁에서 몇 날 며칠 밤낮없이 구애를 계속한다.

또 임신해서 출산한 암컷도 아기 고양이에게 젖을 먹이는 짬짬이 먹이를 찾아 돌아다닌다.

고양이는 틈만 나면 잠만 자는 것처럼 보이지만 필요할 때는 목적을 향해 필사적으로 행동하는 동물이다. '쉴 때는 쉬고 할 때는 하는 것'이 고양이의 생존 방식이다.

왜 '집회'를
열까?

    길고양이 사회와 생태에 관한 연구는 일본뿐 아니라 세계 각지에서 진행되어왔다. 특히 프랑스, 영국, 이탈리아 등 유럽에서 활발히 이루어졌고 그 덕분에 여태껏 몰랐던 길고양이에 관한 수수께끼가 잇따라 드러나기 시작했다. 이 가운데에는 아직 결론이 나지 않은, 고양이의 기이한 행동이 몇 가지 있는데 그중 하나가 '고양이 집회' 이다.

    고양이 집회란 한밤중에 인적이 드문 공원이나 사찰 경내, 바닷가처럼 개방된 장소에 길고양이들이 모여서 특별히 뭔가를 하지도 않으면서 조용히 시간을 보내는 행위를 가리킨다. 이 기묘한 현상은 영어로 "gathering"이라고 하며 일본뿐만 아니라 해외에서도 보고되

고양이 집회(Photograph by SHIMADA Nariko)

고 있다.

　나는 한밤중에 아무도 없는 공원을 산책하다가 이 무언의 집회를 맞닥뜨리고 놀랐다는 이야기를 여러 사람에게서 들은 적이 있다. 나도 아이노시마에서 고양이 집회를 여러 차례 볼 수 있었다.

　내가 자주 고양이 집회를 목격한 곳은 섬 해안에 자리한 콘크리트로 덮인 약간 넓은 장소로, 주로 봄에서 가을 사이에 바람이 불지 않는 조용한 밤이었던 것으로 기억한다.

　길고양이들은 통상 10마리, 많을 때는 20마리 정도 모였다. 고양이들은 50*cm*에서 1*m* 정도 서로 간격을 두고 제각기 편한 방향으로 누워 있었다. 고양이들은 시종 그 모습 그대로 조용히 있었고 몇 시간이고 거의 움직이지 않았다. 들려오는 것이라고는 잔잔한 파도소리와 이따금 섬에서 출항하는 어선의 엔진 소리뿐이었다.

　고양이들은 그렇게 가까이 모여 있으면서도 이렇다 하게 긴장하는 것 같지도 않고 그렇다고 특별히 유유자적한 모습도 아니었다. 어쨌든 오랫동안 아무 소리도 내지 않은 채 그대로 모여 있었다. 그리고 몇 시간이 지난 후 한 마리, 또 한 마리가 자리를 떠났다. 거기에는 종교의식 같은 분위기마저 감돌았다.

　고양이들이 왜 이런 집회를 하는지에 관해 몇 가지 이유를 짐작할 수 있다. 예컨대 평소에는 단독으로 행동하는 길고양이들이기에 가끔씩 모두 모여서 무리 일원들의 생존을 확인하고 정보를 주고받는 것이다. 즉 서로의 무사함을 눈으로 확인하기도 하고 예리한 후각을 통해 암컷의 발정 상태 등을 파악하기도 하고 인간에게는 들리지 않는 고주파 울음소리로 소통하고 있을 수도 있다.

혹은 다 함께 길고양이들에게 먹이가 될 만한 쓰레기를 버리러 오는 사람을 기다리고 있다든지, 심지어는 단순히 그 장소가 따뜻하거나 시원해서 있기 쾌적하기 때문이라든지, 상상을 부풀리면 얼마든지 그 이유를 생각해볼 수 있다.

하지만 고양이 집회의 정확한 이유가 무엇인지에 대해서는 어떤 길고양이 연구자도 아직 명확한 근거와 답을 내놓지 못하고 있는 실정이다. 나도 도전해보았지만 집회 중인 길고양이들이 너무나 조용하고 움직임도 없어서 이를 규명하는 데 어디서부터 손을 써야 할지 전혀 갈피를 잡을 수 없었다.

만약 길고양이들이 어떤 작은 행동이라도 보인다면 이를 실마리삼아 수수께끼를 깊이 파헤칠 수 있겠지만 그것마저 찾을 수 없어서 결국 포기해버렸다.

억지를 부릴 셈은 아니지만, 이제는 고양이라는 동물의 생태에는 몇몇 수수께끼가 남아 있는 게 더 흥미롭지 않을까 하고 생각한다.

탄수화물은
고양이의 영양이
되지 않는다

고양이가 1만여 년의 시간 동안 인간과 함께 살아왔다고 해서 인간이 먹는 것을 무엇이든 먹어도 되는 것은 아니다.

고양이를 키우는 사람은 잘 알겠지만 고양이가 먹어서는 안 되는 식품이 많이 있다. 흔히 거론되는 것이 파 종류이다. 인간이 식재료로 즐겨 사용하는 양파, 파, 마늘, 부추에 들어 있는 성분은 고양이의 적혈구를 파괴해서 빈혈을 일으킨다. 또 제빵용 초콜릿에 함유된 성분도 고양이에게는 치명적이다.

예부터 고양이가 전복을 먹으면 고양이 귀가 떨어진다고 하는데 꼭 거짓말은 아닌 것 같다. 특히 전복이나 소라의 내장에 들어 있는 어떤 성분이 햇빛에 닿으면 독성을 띠게 되는데 이 독성물질 때문에 귀처럼 털이 성기게 나 햇빛이 닿기 쉬운 피부에 염증이 생긴다.

그 밖에도 어묵이나 통조림 같은 가공식품도 가급적 고양이에게 주지 않는 것이 좋다. 음식의 양념이나 보존을 위해 사용하는 염분의 농도가 고양이에게 너무 진하기 때문이다.

고양이는 잡식성인 인간이나 개와 비교해 육식성이 강한, 즉 단백질 요구량이 높은 동물이다. 시판용 캣푸드에는 도그푸드보다 단백질이 많이 함유되어 있다.

고양이의 원종인 리비아고양이는 쥐 같은 소동물을 잡아 통째로 먹고 나무 열매, 곡류, 과실 등 식물은 먹지 않는다. 신체에 필요한 식물 유래 섬유와 비타민은 소동물의 위장에 들어 있는 내용물로부터 섭취하는 정도로도 충분하다.

고양이의 겉모습이 1만 년이 지난 지금까지도 리비아고양이와 거의 달라지지 않은 것과 마찬가지로 고양이의 몸에 필요한 영양소와 소화력도 거의 변하지 않았다. 따라서 고양이는 원래 거의 섭취하지 않았던 탄수화물, 특히 쌀과 보리, 감자류에 많이 함유된 전분을 소화할 수 있는 능력이 매우 낮을뿐더러 탄수화물은 고양이에게 에너지원도 되지 않는다.

개는 늑대처럼 육식성이 강한 개과 동물을 조상으로 한다. 그러나 개는 탄수화물을 소화·흡수하는 능력이 고양이보다 훨씬 높은데 이는 인간과 함께 생활하는 과정에서 그 능력을 획득한 것이라고 한다.

개는 인간이 남긴 곡물 위주의 잔반만 먹으며 별도의 개 전용 사료가 주어지지 않더라도 살아갈 수 있도록 몸을 변화시켰다. 이런 점에도 인간을 따르고 순종하며 충성하는 개의 일면이 엿보이는 듯하다.

한편 고양이는 인간과 만난 지 1만 년이나 지났어도 여전히 자유분방하고 자기 방식대로 살아가는 육식동물이다.

그러면 오늘날처럼 고단백질의 영양 균형이 좋은 캣푸드가 없었던 시대에 집고양이들은 어떻게 했을까?

100년 전까지 일본인의 생활은 지금처럼 풍요롭거나 넉넉하지 않았고 대다수 가정이 일용할 양식을 근근이 마련하는 정도였다. 집고양이에게 줄 수 있는 먹이라고는 말린 멸치나 가다랑어로 국물을 우려낸 된장국 남은 것에 밥을 만 '고양이 맘마'가 단골 메뉴였다.

고양이 맘마에는 맛국물에 들어 있는 동물성 단백질과 아미노산이 소량 함유되어 있어서 고양이는 그 냄새로 먹을 것이라고 인지하고 먹었을 것이다. 그러나 고양이 맘마는 쌀과 보리 같은 곡류의 탄수화물이 주성분이어서 고양이에게 그다지 영양이 되지 않는다.

고양이는 단백질을 비롯한 영양 부족분을 스스로 소동물을 잡아먹어서 보충했다. 예전에는 집안에 쥐가 많이 살았기에 이들을 잡아먹어 단백질원으로 삼으면 되었다. 또 쥐를 잡으면 인간을 기쁘게 해줄 수 있고 존재 가치도 인정받았으니 일석이조였다.

그 무렵 사람들의 생활은 가난했지만 고양이와 인간의 관계는 무척 이상적이었을 것으로 보인다. 쥐뿐 아니라 옛날에는 인가 주위에 벌레, 도마뱀, 도마뱀붙이, 그리고 작은 새들도 많이 있었을 터라 고양이는 인간의 집에 살면서 소동물을 잡아먹고 필요한 영양을 보충할 수 있었을 것이다.

아이노시마의 길고양이들은 어부나 숙박시설에서 내놓는 생선 뼈 등의 쓰레기를 먹고 살아간다. 또 부두 근처에 사는 길고양이는 섬을 방문하는 낚시 여행객에게 잡어를 얻어먹거나 훔쳐 먹기도 한다.

섬 안에서 길고양이가 쥐를 잡아 그것을 먹는 모습을 본 적은 없다. 길고양이가 많아서 쥐들이 민가에서 자취를 감추었는지도 모른다. 대신 들새를 잡아먹거나 곤충(메뚜기, 사마귀, 바퀴벌레마저)이나 도마뱀붙이 같은 소동물을 먹고 있는 모습은 자주 목격했다.

도시에서는 사람들이 길고양이에게 다량의 캣푸드를 사다 주기도 하지만 섬사람들은 길고양이를 위해 돈 주고 먹이를 사는 일은 하지 않는다. 섬사람들도 옛날 방식대로 길고양이들을 대한다.

생선 쓰레기로 부족한 양은 스스로 소동물을 잡아먹는 것이 아이노시마 길고양이의 생존 방식이다. 그들은 조금 예전 방식대로 살고 있다. 이처럼 야생에 더 가까운 식생활 때문인지 아이노시마의 길고양이들은 비만에 걸리지도 않고 도시 지역의 길고양이에게서 자주 볼 수 있는 것처럼 암컷이 한해에 여러 차례 새끼를 낳는 일도 없다.

싸움의
법칙

아이노시마의 수고양이들은 봄부터 여름이 끝날 무렵까지 일 년 중 가장 여유롭고 유유자적하게 지내는 듯하다. 이 시기는 바다가 사납지 않기 때문에 어부들의 고기잡이가 안정적이고 길고양이들의 주식인 생선 쓰레기도 꾸준히 공급된다.

수컷들은 겨울에 있었던 암컷을 둘러싼 격전의 피로를 치유하고, 또 다음 시즌을 대비해 기력을 보충하려는 듯 먹이를 먹는다. 그리고 자신의 영역을 돌아보는 것 말고는 나무 그늘에서 낮잠을 자거나 누워 뒹굴면서 한가로이 시간을 보낸다.

그러나 여름이 지나고 가을도 끝이 다가오면 상황이 조금씩 달라진다. 평소 같으면 느릿느릿 길을 걷던 수컷이 뭔가 확실한 목적이

고양이의 '울음 맞장뜨기' ①→②→③→④

있는 눈치로 초조하게 잔달음을 치며 돌아다닌다. 그리고 자주 멈춰서서 땅바닥이나 담장에 바싹 코를 갖다 대고 집요하게 냄새를 맡는다. 이것은 몇 달 뒤에 찾아올 발정기에 대비해서 암고양이와 수컷 경쟁 상대를 의식하기 시작하고 상대가 남긴 소변 냄새를 꼼꼼히 확인하는 행동이다.

또 행동 범위(행동권, home range)도 적극적으로 넓혀나간다.

그에 맞춰 수컷은 점차 공격적으로 변해 여름에는 서로 피하던 상대를 위협하거나 쫓아내기도 한다. 이는 발정기 전에 상하관계를 어느 정도 정리해두고 바쁜 발정기에 불필요한 싸움을 가급적 피하려는 의도일 것이다. 대개 어느 한쪽이 으르고 다른 한쪽이 피하면 승부가 정해진다. 하지만 둘 다 몸집이 크고 실력도 비등한 수컷끼리 만나면 번갈아 울어대며 '맞장뜨는' 싸움을 벌인다.

'울음 맞장뜨기'란 두 수고양이가 50cm 정도, 혹은 그보다 더 가까운 거리에서 얼굴을 맞대고 상대의 몸 옆쪽을 향해 코러스 같이 길고 낮은 울음을 주고받는 행동이다.

상대를 아주 공격적인 표정으로 노려보고 턱을 들어 올리며 쥐어짜내는 듯한 울음소리로 위협한다. 또 사지를 쭉 뻗어 자신의 몸을 상대에게 크게 보이게 만들고 꼬리를 내려뜨려 좌우로 심하게 흔들어댄다. 대개 수분 내에 승부가 정해지지만 30분 넘게 계속되기도 한다.

처음에는 울음소리와 박력도 서로 우열을 가리기 힘들지만 열세인 수컷이 점차 울지 않게 되고 상대에게서 눈을 돌린다. 이때 우세인 수컷도 울음을 그치고 상대를 가만히 노려본다. 열세인 수컷은 잔뜩 긴장한 채 아주 천천히 등을 돌려 그곳을 떠난다. 이것으로 승부는 매듭지어진다.

승자인 수컷은 상대가 더 이상 보이지 않을 때까지 고양이 장승처럼 우뚝 서서 미동도 않고 무서운 얼굴로 상대를 노려본다. 사라지는 패자를 등 뒤에서 달려들어 공격하는 비겁한 짓은 하지 않는다. 이것이 고양이들 간에 '울음 맞장뜨기'의 법칙이다.

간혹 이처럼 번갈아 울어대며 맞장뜨다가 격렬한 싸움으로 번져서 서로에게 상처를 입힐 때도 있다. 싸움은 우열을 가리지 못한 채 울음을 주고받는 도중에 한쪽이 너무 흥분해서 갑자기 상대에게 달려들어 일어난다.

싸움은 서로에게 날카로운 발톱과 엄니를 드러내며 한 치의 양보도 없이 펼쳐진다. 서로 큰 소리로 울부짖으며 상대에게 달려들어 가차 없이 할퀴고 지면을 뒹구는 필사적인 싸움이다. 주위에 털이 날린다. 근처에서 관찰하고 있으면 이쪽으로 불똥이 튀어 다치지 않을지 걱정스러울 정도로 격렬하다.

이 경우에는 상대가 도망치면 추격하여 공격하고 철저히 승부를 가린다. 다만 서로 죽일 정도로까지 발전한 사례는 본 적이 없다.

번갈아 울다가 싸움으로 발전하면 어느 한 쪽만 무사한 경우는 있을 수 없다. 결국에는 2마리의 수컷 모두 안타깝게도 부상을 입고 만다. 싸움에서 이겨도 부상 때문에 발정기를 놓쳐버릴 수 있다. 그렇기에 가능한 한 싸우지 않고 승부를 내는 것이 서로에게 좋은 것이다.

울음 맞장뜨기는 각자의 신체능력과 공격력에 대한 자신감을 심리적으로 비교해서 승부를 내므로 쌍방이 부상을 입는 싸움으로까지 커지지 않도록 예방하는 기능이 있다. 이것이 고양이 사회의 싸움의 법칙이다.

어떤 수컷이
강한가?

수컷끼리의 상하관계는 발정기를 앞두고 서로 위협하거나 울음 맞장뜨기를 하며 차츰 정해진다. 그렇다면 과연 어떤 수컷이 강한 수컷일까?

나는 아이노시마 조사 지역의 수컷들이 울음 맞장뜨기를 하거나 위협하는 광경을 기록하고 어떤 수컷이 이런 기싸움에서 승리하는지 알아보았다.

일반적으로 동물은 체격이 승부를 좌우한다. 고양이를 비롯한 포유동물의 경우 수컷이 암컷보다 몸집이 큰 것은 이런 까닭이다. 인간도 예외는 아니다.

동물의 체격은 체장(고양이의 경우에는 코끝에서 꼬리가 달려 있는 곳까지의 몸길이)과 체중으로 따져볼 수 있는데, 아이노시마의 수컷 성묘들은 체장이 대부분 약 50㎝로 개체 간의 차이가 별로 없었다.

그뿐 아니라 암컷의 체장도 거의 50㎝였다. 따라서 체장은 고양이의 경우에는 수컷의 질을 평가하는 데 그다지 적합한 지표가 아니다.

그에 반해 수컷 성묘의 체중은 2.5~5㎏으로 수컷 간에 큰 차이가 있었다. 이는 각 수컷의 크기를 평가하는 데 적합한 지표가 될 수 있다.

나는 발정기가 시작되기 전 약 두 달간 조사 지역 내에 사는 거의 모든 수컷의 체중을 쟀다. 사람에게 전혀 길들여지지 않은 길고양이의 체중을 계측하는 것은 그리 만만한 작업이 아니다. 야생 고양이나 다름없는, 사람에게 길들여지지 않은 길고양이를 맨손으로 잡으려고 하면 여지없이 호된 반격을 당하게 된다.

상자 형태의 함정으로 길고양이를 포획해서 마취약으로 재운 다음 체중을 재는 방법도 시도해보았지만 시간이 너무 많이 걸렸다. 두 달 동안 수고양이 50마리를 함정으로 잡는 것은 불가능에 가까웠다. 또 포획은 고양이에게 스트레스를 일으켜 발정기에 영향을 줄 수도 있다.

그래서 고안해낸 것이 '바구니 저울'이라는 측정 장치였다. 형태는 아주 간단한데, 예전에 정육점 같은 데서 흔히 볼 수 있던 아날로그 접시저울 위에 지름이 50㎝ 되는 커다란 플라스틱 바구니를 얹어 볼트로 고정시킨 것이다. 이 바구니 안에 마른 멸치 같은 먹이를 넣

어둔 다음 길고양이가 이것을 먹으려고 바구니 안으로 들어가면 저울 눈금을 읽는다. 저울 가까이에 있으면 고양이가 경계하기 때문에 나는 15m정도 떨어진 곳에서 쌍안경으로 눈금을 읽었다.

똑같은 길고양이가 맛을 알고 여러 차례 먹이를 먹으러 와서 곤란한 적도 있었지만 결국 조사 지역에 사는 거의 모든 고양이의 체중을 측정할 수 있었다.

체중이 가장 가벼운 놈은 2.5kg, 가장 무거운 놈은 5kg이 조금 안 되었다. 수컷 집고양이라면 5kg이 넘는 놈도 수두룩할 터이다. 하지만 아이노시마의 길고양이는 야생 고양이나 다름없는 생활을 하고 있기에 몸에 여분의 지방이 붙어 있지 않고 체중이 4kg이 넘으면 보기에도 몸집이 탄탄하고 건장하다.

이 체중을 근거로 수컷끼리 기싸움한 결과를 분석해보니 체중이 무거운 쪽이 이긴 비율이 전체의 73%였다. 이로 미루어 대개 체중이 무거운 수컷이 가벼운 쪽보다 우위에 있음을 알 수 있었다.

반대로 전체의 약 3할(27%)은 몸이 작은 수컷이 큰 쪽을 이겼다는 이야기가 된다. 어떤 상황에서 이런 역전이 일어날까?

이를 자세히 살펴보니 흥미로운 점을 발견할 수 있었다. 즉 역전이 일어난 기싸움은 대부분 발정기 전이나 발정기 중에 원정 간 곳에서 나타났다. 즉 몸집이 큰 수컷이 자신의 무리를 벗어나 다른 무리에게로 원정 갔을 때 그곳을 근거지로 하는 무리의 작은 수컷에게 위협을 당해 도망쳐버리거나 '울음 맞장뜨기'에서 지고만 것이다.

인간의 승부로 비유하자면 야구나 축구시합에서 홈경기에서는 아무리 강한 팀도 적지인 어웨이 경기에서는 왠지 불리하고 좀처럼 이기지 못하는 것과 같다.

원정 간 곳에서 수컷은 적의 지배하에 있는 전쟁터를 헤매듯이 늘 긴장해 있고 확실히 쭈뼛거리며 행동하는 것을 볼 수 있다.

흔히 '고양이는 집에 붙어 있다'고 이야기하듯이 고양이에게 있어 오래 살아서 익숙한 홈그라운드를 벗어난다는 것은 우리 인간이 상상하는 것보다 훨씬 더 많은 용기가 필요한 대모험인 듯하다. 이처럼 적지에서 역전이 일어날 때도 있지만 길고양이 사회에서는 대체로 몸집이 큰 수컷이 싸움에 강하고 수컷들 사이에서 우위를 차지한다.

연애는
세 살부터가
승부

가을이 지나고 12월이 되면 수컷 성묘들은 더욱 활발하게 이리저리 돌아다니기 시작한다. 섣달 추위도 아랑곳없이 밤낮을 가리지 않고 분주히 돌아다니며 냄새를 맡는다거나 소변으로 마킹을 한다거나 수컷끼리 서로 으르대는 모습이 자주 눈에 띈다. 또 다른 무리에까지 행동 범위를 넓히기 위해 수컷 간의 싸움에 더욱 박차를 가한다.

이는 발정기가 시작될 때까지 수컷 사회에서 조금이라도 더 우위에 서고 또 가급적 넓은 범위 내에서 암컷과 다른 수컷에 관한 정보를 수집하려는 의도일 것이다. 수컷 성묘들의 고환이 크게 부풀어 오르면 다음은 암컷이 발정하는 것만 남았다.

한편 수컷 사회에서 아직 어엿한 성묘로 인정받지 못하는 세 살

미만의 젊은 수컷들은 더러 성묘 수컷에게 적극적으로 도전하기도 하지만 대부분 얌전히 지낸다. 이들이 자칫 마킹과 냄새 맡기를 반복하는 살기등등한 수컷과 길에서 맞닥뜨리면 위협이나 추격을 당하기도 하고 운이 나쁘면 고양이 펀치 세례를 당하고 물어뜯기는 수도 있다.

아이노시마 길고양이의 발정기 조사는 아직 신정 분위기가 가시지 않은 1월 초에 섬에 들어가서 발정기가 끝나는 4월 초까지 실시한다. 나는 빈집을 빌려서 조사 기간 동안 날마다 길고양이들의 행동을 관찰했다. 규슈라고는 해도 현해탄이 바라보이는 북부 규슈지역의 겨울은 흐린 날이 계속된다. 납빛 하늘 아래 차가운 계절풍이 휘몰아친다. 그런 가운데서 수컷들은 일 년 중 가장 드라마틱한 시즌을 맞이하게 된다. 이는 관찰자인 내게도 마찬가지이다.

1월 중순에서 말 사이에 그것은 갑자기 시작된다. 나는 매일 아침 길고양이 상태를 확인하기 위해 조사 지역을 구석구석 살피러 다니는데 그날은 왠지 평소와 조금 다른 분위기였다.

분주히 돌아다니는 수컷 성묘도 보이지 않았다. 이윽고 발정한 암컷을 찾는 수컷의 울음소리가 '아오 아오' 하고 들려왔다. 아무래도 수컷의 발정이 시작한 듯했다. 나에게나 수컷들에게나 기나긴 체력 싸움의 일정이 시작된 것이다.

나는 서둘러 수컷의 울음소리가 나는 쪽으로 가보니, 있었다. 발

암컷을 둘러싸고 구애하는 수컷들 ①

암컷

암컷

암컷을 둘러싸고 구애하는 수컷들 ②

정한 암컷과 이를 에워싸고 구애 중인 10마리 남짓한 수컷들이었다. 발정한 암컷과 수컷들 사이의 거리는 가장 가까운 것이 약 50cm, 가장 먼 것은 5~6m 정도이다.

구애하는 수컷들은 발정한 암컷을 중심으로 원을 이루고 있었다. 암컷과 가장 가까운 곳에 진을 친 수컷이 일어서서 '구르르르……' 하고 울면서 암컷의 목덜미를 물고 늘어지며 교미를 시도하지만 암컷은 틈을 주지 않고 '고양이 펀치'를 퍼부으며 거부한다. 가장 가까운 위치에 있는 수컷은 몇 번이고 똑같이 도전하지만 암컷은 교미를 받아들일 기색이 전혀 없는 모양이다.

암컷은 끈질긴 수컷의 구애를 거부하며 수미터 도망가려고 이동한다. 그러면 주위에서 구애 중이던 수컷들도 암컷과의 거리를 거의 그대로 유지한 채 이동한다. 암컷이 10m 이상 이동해도 수컷들은 암컷을 둘러싸고 같은 위치 관계가 된다.

멀리 있던 수컷이 암컷에게 더 가까이 다가가려고 하면 둘레의 다른 수컷들로부터 위협당해 더 다가가지 못하고 원래 있던 자리로 돌아와 구애하게 된다. 아무래도 발정한 암컷과의 거리는 그곳에 모인 수컷들 간의 상하관계를 반영하는 듯했다.

연애 강자의

조건

　나는 발정한 암컷과 구애하는 수컷의 거리를 1분 간격으로 측정해보았다. 하지만 내가 이 '구애의 고리' 안으로 들어가 줄자로 재려고 하면 고양이들은 금세 도망쳐버렸다.

　그래서 아이노시마 성묘의 체장(코끝에서 꼬리가 달린 몸까지의 길이)이 수컷과 암컷 모두 거의 50cm라는 점을 이용해서 암컷과 각각 구애하는 수컷 사이에 성묘가 몇 마리쯤 들어가는지를, 근처에 있는 고양이를 잣대 삼아 측정해서 기록해나갔다. 1분마다 기록했더니 방대한 데이터양이 되었다. 2, 3일 만에 노트 한 권을 다 쓴 적도 있다.

　발정기 조사가 끝난 후 방대한 양의 데이터를 분석해보니 체격이 좋은(체중이 무거운) 수컷일수록 발정한 암컷과 가까운 곳에 자리 잡고 구애한다는 것을 알 수 있었다.

그러나 여기에도 예외는 있다. 다른 무리에서 암컷을 찾아 원정 온 수컷은 아무리 체격이 좋아도 암컷에게 좀처럼 다가갈 수 없다. 이는 수컷끼리의 싸움 결과와 마찬가지로 원정 온 수컷에게 이런 구애는 어웨이 경기인 까닭이다. 원정 온 수컷이 적지에서 구애하는 모습은 언제나 겁먹은 듯 맥을 못 추고 그 무리의 조그마한 수컷에게조차 위협 당해 암컷에게 다가가지 못하는 경우가 허다했다. 저만치 떨어진 곳에서 구애의 고리를 살피기만 하다가 결국 포기한 채 '아오 아오' 하고 울면서 그 자리를 뜨는 원정 온 수컷도 있었다.

그런가 하면 원정 간 곳에서도 자신의 무리에 있을 때나 다름없이 당당하게 구애의 고리 중심부를 꿰차는 대단한 능력자 수컷도 적으나마 있었다.

한편 집고양이는 이 구애의 고리에 참가할 수 있을까? 집에서 날마다 맛있는 영양식을 먹고 편안하게 생활하는 집고양이는 도저히 살기등등한 길고양이들의 싸움에 끼어들 수 없으리라고 생각하는 주인이 많지 않을까? 하지만 꼭 그렇지만도 않다.

아이노시마의 집고양이는 집 안팎을 자유롭게 드나드는 경우가 많은데, 그중에는 밖으로 나다니며 길고양이들과 접촉하고 발정기가 시작될 무렵 상하관계를 적극적으로 겨루는 수컷도 있었다.

집고양이는 집에서 영양이 풍부한 먹이를 공급받기에 길고양이

보다 몸이 튼실해서 길고양이 수컷 사회에서도 꽤 우위에 오를 수 있다. 이런 수컷은 집고양이임에도 다른 길고양이들을 물리치고 발정한 암컷과 가장 가까운 위치를 차지하기도 한다.

지금도 자주 기억나는 것이 섬 안 니시노 주점의 집고양이 '러브'이다. 안주인의 이야기에 따르면 러브는 열 살이 넘었다는데 아주 힘이 센 수컷이었다. 러브가 아직 젊었을 적에는 발정기가 되면 섬 안 구석구석으로 암컷을 찾아 돌아다녔다고 한다. 집고양이도 한 발 밖으로 내딛으면 그곳은 길고양이 사회의 전쟁터이다. 러브는 집 안과 밖에서 서로 완전히 다른 얼굴을 지녔을 것이다.

여러분의 집고양이도 일단 밖으로 나가 부근의 길고양이 사회 안으로 들어가면 집에서와는 또 다른, 야생의 얼굴을 한 고양이가 되어 있을지 모른다. 러브처럼 보스 고양이일 가능성도 없지 않다.

지금까지 내가 아이노시마에서 관찰한 내용을 토대로 발정기에 나타나는 수컷 길고양이 행동에 관해 살펴보았다.

암컷의 발정기간은 개체에 따라 각기 다르다. 짧게는 수일에서부터 길게는 2주 가까이 계속된다. 발정과 구애는 밤낮을 가리지 않기에 수컷들은 24시간 태세로 발정한 암컷에 붙어 다닌다. 한 암컷에게 구애 중이던 수컷이 근처에 있는 다른 암컷이 발정을 시작하면 그쪽으로 옮겨가기도 하고 또 어떤 수컷은 발정한 두 암컷 사이를 오락가락하기도 한다. 발정기가 무르익을수록 수컷들의 피로는 눈에 띠

고양이의 교미

게 심해진다.

발정기가 끝날 즈음 수컷은 새끼를 길러낸 암고양이와 마찬가지로 등뼈가 뚜렷이 드러날 정도로 야위고 심지어는 귀와 얼굴을 비롯해 온몸이 상처투성이가 된다.

수고양이들은 일 년에 한 번인 사랑의 계절을 목표로 준비하고 짧은 일생 중에 어떻게 해서든지 자신의 자손을 남기기 위해 문자 그대로 제살을 깎으며 라이벌과 격렬한 싸움을 벌인다. 이것이 길고양이 사회에서 '수컷의 생존 방식'이다.

어떤 수컷이 교미할 수 있을까?

많은 수컷이 밤낮없이 한 마리의 발정한 암컷에게 구애하고 있어도 교미는 그렇게 자주 관찰되지 않는다. 종일 차가운 겨울 하늘 아래서 관찰하는데도 교미가 한 번도 이루어지지 않은 날도 있다. 교미는 평균적으로 몇 시간에 1회 정도의 빈도로 관찰된다. 또 같은 암컷이어도 교미가 자주 보이는 날과 그렇지 않은 날이 있다.

교미를 할 수 있는 것은 암컷에게서 가까운 거리에 있는 한 마리 혹은 2~3마리의, 체격이 좋고 서열관계상 우위에 있는 수컷이다. 그 외에 암컷과 떨어진 장소에서 구애 중인 수컷들은 그 자리에서 바라

보고 있는 한 교미할 기회가 거의 없다.

다만 여태껏 암컷 가까이에 자리 잡고 있던 우위의 수컷이 다른 암컷이 발정하기 시작하면 새로운 암컷에게 구애하러 옮겨가는 수가 있다. 그러면 그때까지 멀리서 구애할 수밖에 없던 수컷도 암컷에게 다가갈 수 있게 되고 운이 좋으면 교미할 기회도 얻는다.

또 새끼를 키워본 적이 없는 젊은 암컷은 체격이 좋고 우위인 수컷에게 그다지 적극적으로 구애를 받지 못하는데 이럴 때는 몸이 크지 않은 수컷이 젊은 암컷에게 구애할 수 있고 교미도 가능해진다.

또 암컷의 발정이 막바지에 접어들면 서열이 우위인 수컷은 그 자리를 떠나버리는데 이때에도 비슷한 기회가 있다. 그러나 전체적으로 보면 역시 체격이 좋고 서열이 우위인 수컷일수록 교미를 많이 하는 경향을 띠었다.

여기서도 재미있는 현상이 나타났다. 앞서 말했듯이 다른 무리에서 원정 온 수컷은 좀처럼 구애의 고리에 들어갈 수 없고, 만약 들어간다 해도 암컷과 조금 떨어진 위치에서밖에 구애하지 못한다. 다른 무리에서 원정 온 수컷은 아무리 체격이 좋아도 원정 간 곳에서는 자기보다 작은 수컷에게조차 위협받을 정도로 열위가 되기 때문이다.

그러나 이렇게 구애의 고리 중심부까지 좀처럼 들어갈 수 없는, 외부자 수컷에게도 다음과 같은 드라마틱한 교미 기회가 있다.

암컷도
수컷을
고르고 싶다

발정한 암컷에게 구애하는 수컷들은 발정이 계속되는 한 밤낮에 관계없이 암컷을 따라다닌다. 암컷이 꿈쩍도 하지 않는 교착상태가 몇 시간이고 계속되면 수컷도 연일 구애하느라 지친 탓에 종종 그 자리에서 잠들어버리곤 한다.

드라마틱한 전개는 구애 중인 많은 수컷들이 잠들어버린 바로 이 때 일어난다.

암컷은 천천히 일어나 수컷들이 눈치채지 않게 조용히 그 자리를 빠져나온다. 그리고 어느 정도 거리까지 벗어나면 느닷없이 전력 질주해서 집과 집 사이 좁은 틈을 내달려 어디론가 사라진다.

대부분의 경우 깨어 있던 몇몇 수컷들이 이를 알아채고 암컷을 뒤쫓는다. 암컷 가까이에서 자고 있던 우위의 수컷도 이들 발소리와 어수선한 분위기에 놀라 눈을 뜨고 너무나 당황한 모습으로 곧바로 그 뒤를 쫓는다.

관찰하고 있던 나도 서둘러 뒤쫓으려고 하지만 몇 시간이고 별도 들지 않는 추위 속에 웅크리고 있다 보니 몸이 생각대로 움직이지 않는다. 이리저리 찾아다닌 끝에 간신히 발견했을 때는 앞에서와 마찬가지로 수컷들이 암컷을 중심으로 서열관계에 따라 구애의 고리를 이루고 있다.

이는 암컷이 일으키는 무척 흥미로운 행동이다. 대체 암고양이는 왜 이렇게 내달리는 것일까?

암컷들이 모두 다 그런 것은 아니지만 암컷이 자주 전력 질주하는 날이 있다. 그런 날에는 종종 암컷이 달음질쳐 사라진 뒤에도 구애하던 수컷들은 아무것도 모른 채 정신없이 자고 있다. 나는 그 수컷들이 깨어나지 않도록 주의하면서 암컷의 뒤를 쫓지만 집과 집 사이 좁은 틈새로 빠져나간 암컷이 어디에 있는지 전혀 짐작할 수 없다.

그런데 운 좋게도 몇 번인가 짐작이 맞아떨어져서 암컷을 발견하고 전력 질주 이후의 행동을 관찰할 수 있었다. 거기서 내가 본 것은 놀라운 광경이었다.

암컷은 그때까지 자기에게 전혀 가까이 오지 못했던 원정 온 수컷과 교미하고 있었다. 그날 가장 가까이에 진을 치고 있던 우위의 수컷이 수차례 집요하게 교미를 시도해도 암컷은 계속 거부했던 참이다. 그런데 원정 온 수컷에게는 자발적으로 교미를 받아들이는 자세를 취하고 적극적으로 이 수컷과 교미하고 있는 것이다. 나는 이 일련의 과정을 목격하고서 암컷이 전력 질주를 되풀이한 까닭을 비로소 이해하게 되었다.

수컷들은 시간이 어느 정도 지난 뒤에야 암컷이 사라졌음을 알아채고 암컷의 냄새를 더듬어 필사적으로 추적하기 시작했다.

몇몇 수컷들의 '아오 아오' 하는 울음소리가 가까워지자 교미를 끝낸 수컷은 어디론가 자취를 감추어버렸다. 겨우 몇 분 사이에 벌어진 일이다. 그리고 도망간 암컷을 겨우 찾아낸 수컷들은 이전과 같이 다시 암컷을 중심으로 각자 자리 잡고 구애한다.

암컷은 왜 이런 행동을 하는 걸까?

암컷에게 교미 상대는 대개 수컷들의 서열관계에 따라 정해진다. 이 수컷 사회의 규율은 암컷의 의사를 일절 반영하지 않는다. 구애의 고리가 존재하는 한 그곳에서 가장 우위인 수컷이 암컷과 교미할 수 있는 자리를 차지하기 때문이다. 구애의 고리 한복판에 들어갈 수 없는 수컷들은 우위인 수컷이 다른 암컷에게로 관심을 돌리지 않는 한 교미할 기회가 없다. 만약 이런 기회가 주어진다고 해도 고리 바깥쪽에 있는 몸집이 작은 수컷이나 다른 무리에서 원정 온 수컷에게는 거의 기회가 없다고 봐도 무방하다.

구애의 고리가 존재하는 한 암컷의 교미 상대는 수컷 사회의 규율에 따라 정해지는 것이다. 이는 암컷 자신이 선택한 수컷과 교미할 기회가 거의 없다는 것을 의미한다.

그런데 암컷은 수컷 사회의 일방적인 규율, 즉 구애의 고리를 전력질주로 적극적으로 깨뜨림으로써 비로소 자신이 고른 상대와 교미할 수 있게 된다.

이런 암컷의 행동은 아이노시마의 길고양이뿐 아니라 일본원숭이를 비롯하여 다양한 동물 사회에서 보고되고 있다. 암컷의 처지에서 보면 이는 당연한 행동이다. 인간 세계 역시 남성 사회의 규율이 엄격해질수록 여성 쪽은 더욱 기민하게 행동하게 되지 않을까?

그러나 암고양이가 자주 전력질주 하여 우위인 수컷에게서 도망치려고 하지만 거의 대부분 미수에 그치고 만다. 설사 용케 도망쳤다고 해도 자신이 적극적으로 원하는 수컷이 꼭 그 자리에 있는 것은 아니다. 아이노시마의 길고양이 연구에서 암컷이 행하는 교미 중 몇 퍼센트나 이런 암컷 자신의 '규칙 깨기'에 의한 것인지는 결국 알아내지 못했다. 관찰자인 나도 대부분 암컷의 전력질주를 놓쳤기 때문이다.

어떤 수컷이
자손을
많이 남길까?

    길고양이 수컷은 태어난 순간부터 늘 생명의 위험에 처한다. 다행히 무사히 자라나 어미에게서 자립해도 수많은 시련이 젊은 수컷을 기다리고 있다. 이들은 자칫 잘못하면 목숨을 잃을 수도 있는 절박한 경험을 반복하면서 생존 요령을 터득해나간다.

    고생 끝에 자기가 살아갈 곳을 확보하고 나면 이번에는 수컷 사회 내 다른 수컷들과 암컷 쟁탈전에서 격전을 벌여야 한다. 발정기가 시작하기 전에는 수컷 간의 서열 정리와 냄새를 통한 정보 수집에 열중하고 발정기가 시작되면 낮이건 밤이건 상관없이 암컷에게 구애한다. 길고양이 수컷의 짧고 굵은 일생의 궁극적인 목표는 암컷과 교미해서 자신의 자손을 남기는 것이다.

아이노시마의 길고양이를 관찰한 바에 따르면 몸집이 큰 수컷이 수컷 간 상하관계에서 우위에 서고, 다른 곳으로 원정을 떠나지 않는 한 발정한 암컷과의 구애에서도 우위를 차지하고 교미도 할 수 있다.

그러면 이런 행동 관찰에서 예상되는 대로 몸집이 큰 서열이 우위인 수컷이 많은 자손을 남길 수 있을까? 이를 확인하기 위해서는 태어난 새끼 고양이의 아비가 어느 수컷인지 조사할 필요가 있다.

새끼 고양이의 아비를 확실하게 판정하는 것은 30~40년 전까지는 기술적으로 불가능했다.

인간도 마찬가지로 부모와 얼마나 닮았는지 혹은 ABO 혈액형 등으로 추정 판단했다. 하지만 과학적이라고 여겨진 인간 혈액형 판정도 실은 예외가 많아서 오늘날에는 신뢰성이 부족한 것으로 인식되고 있다.

예컨대 혈액형이 AB형인 어머니와 O형인 아버지에게서 AB형인 아이가 태어나는 것은 이전의 유전학 상식으로는 있을 수 없는 일이었다. 그러나 실제로는 AB형인 아이가 태어나는 사례가 있다는 것이 최근에 밝혀졌다. 혈액형과 관련해 비슷한 예외 사례가 몇 가지 패턴으로 발견되고 있다. 예전까지는 이 판정법이 신뢰를 얻었기에 적잖은 가족이 불행을 겪었을 것이다.

고양이는 털색의 유전 패턴을 통해 아비를 판정할 수 있다. 예컨대 삼색 털 고양이인 어미에게서 온몸이 새하얀 새끼 고양이가 태어나면 아비는 온몸이 새하얀 고양이이다.

또 온몸이 새까만 어미에게서 짙은 갈색 얼룩무늬에 배 쪽이 하얀 수컷 새끼 고양이가 태어나면 아비는 새끼 고양이와 같거나 온몸이 새하얀 고양이가 된다.

또 이른바 서양 고양이 유전자가 들어 있는 길고양이의 경우에는 판정 가능성이 더욱 커진다.

그러나 이 털색 유전에 의한 아비 판정에도 한계는 있다. 아비 후보에 오른 고양이들 중에 털색이 같은 수컷이 여러 마리 있으면 마지막 한 마리까지 아비 후보를 추려낼 수 없다. 아이노시마에서는 암컷(어미)에게 구애하던 수컷들은 물론이고 조사 지역 내 모든 수컷들을 후보로 삼으므로 특수한 경우를 제외하면 털색만으로 아비를 판정하기는 불가능하다. 털색이 같은 수컷이 너무 많기 때문이다.

내가 아이노시마에서 길고양이를 조사하기 시작했을 무렵, 때마침 꿈같은 기술이 개발되었다. 그것은 유전자를 이용해 아비를 판정하는 방법이다. 이는 현재 사람의 범죄 수사나 부모 판정 등에 흔히 쓰이는 'DNA 감정법'이다. 이 방법을 사용하면 거의 100% 신뢰 수준의 부자 판정이 가능하다.

마치 나의 아이노시마 길고양이 연구에 때맞추기라도 한 것처럼 고양잇과 동물의 'DNA 감정법'이 거의 같은 시기에 개발된 것이다.

나는 길고양이를 포획하여 마취시킨 다음 혈액에서 DNA 표본을 채집했다. 이제는 체모에서 DNA를 채취하는 방법도 개발되었지만 당시 기술로는 질 좋은 DNA 표본을 구하려면 채혈해야 했다. 길고 양이들이 상자 모양의 덫에 걸려 필사적으로 날뛰던 모습을 떠올리면 지금도 마음이 아프다.

채혈 후 마취에서 깨어나 풀려난 길고양이들은 그 후 한동안 나를 피해 다녔다. 이 고양이들과 길에서 맞닥뜨릴 때마다 나는 온통 미안한 마음뿐이었다. 동물을 너무나 좋아해서 동물 연구자의 길을 선택했는데 비록 연구를 위해서라지만 동물에게 스트레스를 가하고 동물에게 혐오의 대상이 된다는 것은 슬픈 일이다.

그러면 DNA 감정법의 결과를 살펴보자. 수컷의 몸 크기를 기준으로는 주로 큰 수컷이 새끼를 많이 만드는 것으로 나타났다. 체중이 3kg 전후의 작고 젊은 수컷은 전혀 새끼를 만들지 못했다. 이는 구애와 교미 행동의 관찰 결과와 일치한다.

7년에 이르는 연구 결과가 예상대로 나오자 나는 마음이 놓이는 한편으로 뭔가 부족한 느낌이 들었다.

다만 예상과 조금 다르게 흥미로운 결과도 있었다. 즉 암컷은 전체 교미 중 약 8할(73/87, 83.9%)이 같은 무리의 수컷과 이루어졌는데도 태어난 새끼 고양이의 아비 중 약 7할(15/22, 68.2%)은 다른 곳에서 원정 온 수컷이라는 사실이었다.

왜 이런 역전이 일어났을까? 암컷이 전력 질주해서 구애의 고리에서 벗어났을 때 원정 온 수컷과 교미한 경우를 생각할 만하다. 하지만 이런 교미는 그렇게 자주 일어나지는 않았을 것이다.

내가 관찰한 바로는 암컷의 사랑의 도피는 대부분 구애의 고리에 있던 수컷들에게 들켜버려 미수에 그쳤기 때문이다. 다만 교미가 이루어진 횟수가 적더라도 암컷이 확실하게 임신할 수 있을 때 도피에 성공한 것이라면 이런 결과치가 나와도 이상하지 않다.

고양이는 교미 후 배란하는 동물이다. 암컷의 몸에 교미 자극이 있은 지 24~48시간 내 배란이 일어나는 것으로 알려져 있다. 최초의 교미 후 배란이 일어나기 전후해서 외부에서 원정 온 수컷과 다시 교미가 이루어졌다면 교미 횟수는 무리 내 우위인 수컷 쪽이 많더라도 이런 역전현상이 설명된다.

실은 다른 동물에서도 발정기 중 가장 임신하기 쉬운 시기(인간의 경우에는 임신 위험 일이라고 할 수도 있다)에 수컷 우두머리의 눈을 피해 젊은 수컷이나 외부에서 원정 온 수컷과 적극적으로 교미해서 임신에 이르는 사례가 적잖이 보고되고 있다.

아마 아이노시마의 길고양이 암컷도 스스로 의도했는지 아닌지는 논외로 하더라도 자신이 가장 임신하기 쉬운 때에 이런 행동에 나선 것이 아닐까?

암컷이
'사랑의 도피'를
하는 이유

　암컷은 왜 외부에서 원정 온 수컷과의 사이에서 새끼를 만들려고 할까? 어쩌면 근친교배를 피하고 가급적 자신과 먼 유전자를 지닌 상대와 새끼를 만들기 위해 본능적으로 취하는 행동이 아닐까?

　간혹 어떤 젊은 수컷은 성장하고도 자신이 태어난 무리에 그대로 눌러앉는다. 대부분의 암컷은 자기가 태어난 무리에 머물며 모계 사회를 이루므로 젊은 수컷이 무리에 그대로 정착한 다음 수컷 간의 서열관계에서 우위에 오르면 근친교배가 되고 만다. 또 우위인 수컷이 오래 살면 젊은 암컷은 자신의 아비와 새끼를 만들 위험도 있다.

　이런 이유에서 암컷은 원정 온 수컷에게 본능적으로 매력을 느끼고 제 새끼를 만들어줄 아비로 선택하는 것인지 모른다. 또 암컷은 어떤 수컷이 자신의 근친자인지 아닌지 냄새로 분간할 가능성도 있다.

한편 수컷도 이처럼 다른 무리의 암컷에게 선택될 가능성이 높기에 수많은 위험을 감수하고 원정을 떠나는 것인지 모른다.

암컷이 사랑의 도피를 하는 이유가 아이노시마의 길고양이 관찰조사를 통해서 명백하게 증명된 것은 아니다. 하지만 이렇게 생각해보면 길고양이로부터 관찰된 여러 가지 현상이 설명된다.

생물학적으로 포유류의 번식에서 수컷은 새끼의 수(양)를, 암컷은 새끼의 질을 중시한다. 바로 이 차이가, 수컷은 암컷을 독점할 수 있는 상하관계를 만들려고 하고 암컷은 전력 질주를 통해 수컷의 룰을 적극적으로 깨뜨리려고 하는 수컷 대 암컷의 대립 구도를 만들어낸다.

수고양이는 새끼를 전혀 돌보지 않기 때문에 새끼를 아무리 많이 만들어도 부담이 되지 않는다. 따라서 근친교배라도 가급적 많은 새끼를 만들려고 행동할 것이다.

한편 암고양이가 평생 낳을 수 있는 새끼 수는 한정되어 있다. 특히 암컷 길고양이의 번식 횟수는 몇 번밖에 되지 않는다. 따라서 암컷은 제한된 기회 중 새끼를 무사히 키워내기 위해 근친교배의 악영향이 없는, 질적으로 좋은 상대(유전자)를 선택하려고 행동할 것이다.

이처럼 암컷과 수컷이 지향하는 도달점의 차이는, 수컷은 힘의 우위를 추구하고 암컷은 기민함을 추구하는 생존 방식의 차이에도 잘 나타나 있다고 볼 수 있다.

고양이의
동성애

고양이에게도 동성애 행동이 나타난다. 고양이뿐 아니라 사자와 치타 등의 포유류, 심지어 조류 연구에서도 동성애가 보고된다. 집고양이의 경우에는 어린 고양이 형제간의 놀이에서 이런 행동을 볼 수 있는데, 미래 암컷과 교미하기 위한 연습의 의미도 있을 것이다. 또 집고양이 성묘는 생활환경에서 어떤 스트레스를 받으면 동성애 행동을 보인다고 한다.

아이노시마의 길고양이들 사이에서도 수컷의 동성애 행동이 적잖이 목격되었다. 내가 관찰한 바로는 동성애 행동은 발정기에만 나타났다.

나는 발정한 암컷을 둘러싸고 구애하는 수컷들이 벌이는 사랑의 쟁탈전을 매일 수 시간씩 관찰하곤 했는데 바로 그 옆에서 수컷의 동성애 행동을 여러 번 목격했다. 겉으로 보기에는 이성 간의 교미와 거의 같아서 만약 내가 길고양이 각각을 식별하지 못했다면 이성 간의, 즉 수컷과 암컷의 교미로 오해했을 것이다. 그 정도로 수컷의 동성애 행동은 보통 교미와 구별하기 어렵고 본격적(?)이었다.

이 행동이 구애의 고리 근처에서 너무나 뚜렷이 관찰되는 데다 흥미로운 광경이어서 나는 기록용 노트 한쪽에 그 행동의 자초지종을 기록했다. 동물 사회와 생태를 연구할 때 그 자리에서 얻을 수 있는 데이터는 어떤 것이든 모두 기록해두는 것이 기본자세이다. 재현 가능한 실내 실험과 다르게, 살아 있는 동물의 행동은 그 순간을 놓치면 다시 볼 수 없기 때문이다. 때로는 쓸모없어 보이는 관찰 기록이 훗날의 큰 발견으로 이어지기도 한다.

7년에 걸친 아이노시마 길고양이 조사를 마치고 몇 해가 지난 어느 날, 당시 썼던 노트를 꺼내서 무심히 페이지를 넘기다가 우연히 수컷의 동성애 행동 기록을 발견했다. 그때 상황을 떠올리자 다시 흥미가 솟아올라 모든 노트를 샅샅이 뒤져보니 관찰 사례가 26건이나 되었다.

나는 고양이의 동성애 행동에 관해 어떤 흥미로운 경향이 발견되지 않을까 해서 이 데이터들을 집계 분석해보았다. 이 결과는 훗날 영국 케임브리지대학이 출판한 학술서적에도 논문으로 게재되었다.

왜 동성애 행동을 할까?

동물의 동성애 연구는 유럽 지역을 중심으로 꽤 활발히 전개되고 있다. 이는 인간의 동성애 자체가 유럽 사회에서 널리 인정되고 있는 것과 어느 정도 관계가 있을 것이다. 유럽에서는 인간의 동성애만을 다룬 학술지가 정기 간행되고 있을 정도이다.

동물이 왜 동성애를 하는가에 관해서는 많은 가설이 있다. 고양이의 동성애와 관련이 있을 만한 가설을 몇 가지 열거해본다.

- 미래에 암컷과의 교류나 교미에 대비한 훈련
- 단순히 수컷을 암컷으로 착각한 것
- 암컷과 교미하지 못한 스트레스를 발산하려는 것
- 선천적인 취향(태생적으로 동성에게 성적 매력을 느낀다)
- 수컷 간 순위를 재확인하는 것

이렇게 몇 가지 예만 들었을 뿐인데도 정말 다양한 가설이 존재한다. 어떤 가설이 맞는지는 동물의 종류와 상황에 따라 다를 것이다.

이 외에도 내게 가장 흥미로웠던 가설은 연적을 함정에 빠뜨리기 위해 동성애 행동을 한다는 것이다. 수컷이 경쟁자인 수컷 위에 올라타고 반강제적으로 동성애 행동을 하면 아래에 깔린 쪽은 전의를 상실해버리거나 암컷에게 구애할 수 없게 되어 번식 시즌을 헛되이 보내버린다는 것이다. 즉 수컷의 전략적인 동성애 행동이라는 주장이다. 이는 조류가 동성애 행동을 하는 이유를 설명하는 가설 중 하나이다.

그러면 아이노시마 길고양이에 대한 관찰 기록을 살펴보자.

먼저 아래에 깔리는 수컷(마운팅되는 수컷)은 2~4세 사이의 젊은 놈으로 그중 반수가 두 살이었다. 또 체중은 평균 약 $3kg$으로 수컷 성묘의 평균 무게보다 작은 수컷이었다. 아래에 깔리는 수컷이 위에 올라타는 수컷이 되는 사례는 없었다. 또 암컷에게 구애했는지도 확인되지 않았다. 즉 몸 크기, 나이, 그리고 암컷에 대한 경험에서 아직 사회적으로 제 몫을 다하는 수컷으로 인정받지 못하는 수컷이다.

한편 위에 올라타는 수컷(마운팅하는 수컷)은 나이가 네 살 이상이고 대부분 다섯 살이 넘었다. 또 평균체중도 $4kg$ 이상으로 전체 수컷의 평균 체중보다 조금 무거웠고 암컷에게 구애하고 교미한 사실도 확인되었다. 위에 올라타는 수컷이 반대로 아래에 깔리는 사례가 있는지는 확인되지 않았다. 즉 위에 올라타는 수컷은 몸 크기, 나이, 그리고 암컷에 대한 경험 등에서 모두 제 몫을 다하는 어엿한 성묘 수컷으로 선천적인 수컷 취향은 아닌 듯하다.

그러면 왜 동성애를 하는 걸까?

몇 가지 가설을 검증해보자. 먼저 수컷을 암컷으로 착각해버렸다는 가설이 있는데, 경험이 풍부하고 제 몫을 다하는 수컷이 이런 실수를 범한다고는 볼 수 없다. 게다가 발정기 전부터 얼굴이 마주칠 때마다 상대가 수컷인지 냄새로 확인하고 있기에 역시 이 가설은 맞지 않는다.

또 경험이 풍부한 수컷은 암컷과의 교류나 교미에 대비해 따로 연습할 필요가 없으므로 훈련 가설도 맞지 않는다.

또 원숭이들에게서 자주 일어나는 것으로, 상하관계를 재확인하기 위한 올라타기가 있다. 이것도 길고양이에게는 해당하지 않는 것으로 보인다. 상하관계를 확실히 해둘 의도라면 발정기 전에도 있을 법하지만 발정기 외의 시기에는 한 번도 관찰되지 않았다.

다음으로 경쟁 상대의 전의 상실을 노린 전략적인 동성애 가설인데, 아래에 깔린 수컷은 아직 제 몫을 다하는 성묘 수컷이 아니기에 적어도 연적은 될 수 없다. 만약 경쟁 상대를 내칠 의도라면 실력이 막상막하인 성묘 수컷을 상대로 해야 한다. 따라서 이 가설도 맞지 않다.

그러면 아이노시마의 길고양이에게서 나타난 동성애 행동은 어떻게 해석하면 좋을까?

상황을 좀 더 자세히 들여다보자. 동성애 행동이 관찰된 26가지 사례 중 20가지(76.9%)는 장시간 암컷에게 구애하던 수컷이 갑자기 가까이에 있는 젊은 수컷에게로 관심을 돌려 젊은 수컷에 올라탄 경우이다. 남은 6가지(23.1%)는 수컷이 구애하고 있던 발정한 암컷이 갑자기 전력 질주로 도망쳐서 사라진 직후 근처에 있던 젊은 수컷에게 올라탄 경우이다.

모든 사례가 암컷에게 구애하고 있었음에도 불구하고 목적을 이루지 못하거나 갑자기 대상을 놓쳤을 때 일어났다.

이런 상황 증거로 미루어 목적을 이루지 못한 데 대한 좌절의 배출구로서 근처에 있던 수컷과 동성애 행동을 했다고 볼 수 없을까? 아래에 깔린 젊은 수컷도 살기등등한 성묘 수컷의 난폭한 행동에 섣불리 저항할 수 없었을 것이다.

나는 이것이 길고양이 수컷이 동성애 행동을 보인 이유라고 생각한다. 인간 남성이 여성에게 실연당하거나 자신의 마음을 상대 여성에게 제대로 전할 수 없을 때 때로는 술에 의지하고 때로는 친구에게 하소연하고 때로는 가라오케나 도박, 스포츠 따위에 몰두해 좌절의 배출구로 삼는 예는 얼마든지 있다.

하지만 애석하게도 고양이 사회에는 이런 편리한 방법이 없다. 고양이가 동성애 행동을 통해 스트레스를 발산하고 암컷 쟁탈전에 계속 건강하게 참여할 수 있게 된다면, 이 동성애 행동도 진화의 관점에서 합리적인 행동이 아닐까? 다만 아래에 깔린 젊은 수컷의 처지에서는 재난이라고밖에 달리 말할 도리가 없다.

시골 고양이와 도시 고양이

이솝우화에 〈시골 쥐와 도시 쥐〉라는 이야기가 있다. 가난하지만 안심하고 살아갈 수 있는 소박한 시골 생활과 물질적으로는 무척 풍족하지만 늘 긴장하며 살아가는 도시 생활 중 어느 쪽이 좋을까 하고 쥐의 시선에서 사람들에게 물음을 던지는 이야기이다.

고대 그리스 시대에 만들어진 이야기라고 하기에는 믿기지 않을 정도로 현대를 사는 우리 사회와 생활에도 적용되는 예리한 주제라고 생각한다.

그런데 시골 고양이와 도시 고양이를 비교한 흥미로운 연구가 있다. 프랑스의 세이, 퐁티에, 그리고 이탈리아의 나트리가 공동 연구한 것인데 이들은 일찍이 길고양이 연구 분야에서 나의 경쟁자였다.

그들이 시골 고양이와 도시 고양이를 비교한 것은 암고양이가 낳은 한배의 새끼 고양이들(한 번의 출산으로 태어난 형제자매 고양이들)에서 아비가 복수인 비율이다. 즉 이부형제·자매가 태어나는 비율이다. 암고양이가 발정기에 여러 마리의 수컷과 교미를 하면 한 번에 아비가 다른 새끼 고양이들이 함께 태어나기도 한다.

시골 고양이는 프랑스 북동부 마을에 사는 고양이들이다. 이곳의 고양이 밀도는 1헥타르당 2.3마리로, 고양이들이 한적한 시골 환경에서 유유자적 지내는 모습이 눈에 선하다.

한편 도시 고양이는 프랑스 동부 도시인 리옹의 병원 부지 내에 사는 고양이들이다. 이곳 고양이 밀도는 1헥타르당 21마리로 시골 고양이의 약 10배에 이른다.

그들의 연구 결과는 무척 흥미롭다. 시골 고양이의 출산에서는 이부형제가 거의 태어나지 않은 반면, 도시 고양이 쪽에서는 이부형제가 태어난 비율이 전체 출산의 약 8할이었다. 이는 도시의 암고양이가 발정하면 대개 여러 마리의 수컷과 교미한다는 것을 의미한다. 심지어 도시의 암고양이가 한 번의 출산에서 5마리의 새끼 고양이를 낳았는데 5마리 모두 아비가 다른 사례가 6개나 되었다.

관찰에 따르면 고양이 밀도가 낮은 시골에서는 암컷이 발정해도 구애하는 수컷의 수가 적어서 한 마리의 수컷이 교미를 거의 독점한다. 한편 고양이 밀도가 높은 도시에서는 한 마리의 발정한 암컷에게 많은 수컷들이 모여든다. 또, 다른 암컷이 발정을 시작하면 그쪽으로 옮겨가기도 하므로 말 그대로 난교에 가까운 상황이 된다.

도시의 암컷은 여러 마리의 수컷과 교미할 기회가 많아져서 그 결과 한배에 이부형제가 태어나는 비율도 늘어나는 것이다.

고양이 밀도뿐 아니라 번식에서도 시골이냐 도시냐에 따라 이렇게 차이가 난다는 사실이 조금 놀랍다. 쥐와 고양이뿐 아니라 웬지 사람 사회에도 통할 듯한 흥미로운 연구였다.

삼색 털 고양이의
비밀

삼색 털 고양이란 흰색, 주황색(밝은 갈색), 검정의 세 가지 색의 털을 지닌 고양이를 말한다. 검정 대신 '검정' 범무늬(짙은 갈색 얼룩무늬)인 것도 삼색 털 고양이의 범주에 넣기도 한다.

이런 삼색 털 고양이는 유전학적 이유에서 기본적으로 모두 암컷이다. 아주 드물게 염색체 이상으로 수컷 삼색 털 고양이가 태어나기도 하지만 확률은 수천 분의 1이다.

이처럼 태어날 확률이 희박한 수컷 삼색 털 고양이가 선원들에게 행운을 가져다주는 존재로 인식되어 고액으로 거래되던 시대도 있었다고 한다. 옛날에는 일단 배가 출항하면 무사히 돌아올 수 있을지 어떨지가 날씨 등의 운에 달려 있었기에 아주 진귀한 마스코트인 수

삼색 털 고양이

컷 삼색 털 고양이를 배에 태우고 안전한 항해를 기원했을 것이다.

그런데 삼색 털 고양이가 왜 암컷만 있는가에 관해 유전학적인 메커니즘을 설명하는 것은 아주 어렵고 복잡하다. 내가 대학에서 강의를 맡았을 때도 최소한 90분 강의를 매주 연속으로 5, 6회 해야 학생들이 이해할 수 있었다. 삼색 털 고양이의 출생에는 유전학에서 중요하게 여기는 다양한 진수가 응축되어 있기 때문이다.

거꾸로 말해서 이 메커니즘을 설명할 수 있게 되면 현재의 유전학 기초를 거의 완벽하게 이해한 것이라고 말해도 좋을 것이다.

나는 강의에서 '삼색 털 고양이가 암컷뿐인 이유를 설명하라'는 문제를 미리 알려준 뒤 시험에 냈다. 문과계 학생들이 듣는 강의였는데 많은 여학생이 만점을 받았다. 대상이 고양이였기 때문일까?

삼색 털 고양이는 왜 암컷뿐일까?

여기서는 멘델의 유전법칙 같은 유전학의 기초는 훌쩍 건너뛰고 가능한 한 간략히 설명한다(괄호 안의 설명은 필요하면 읽기 바란다).

삼색 털 고양이의 털색인 '흰색', '주황색', '검정'은 각각 다른 유전자(자리)의 지배를 받는다. 그중에서도 주황색 유전자와 검정 유전자 사이에는 상하관계가 있다(이것은 동일한 유전자 자리 안의 '우성', '열성'이 아니라 두 유전자 자리 간의 우열을 가리키고 '상위 효과'라고 한다). 주황색 유전자는 검정 유전자를 작동시키지 않고, '검정' 털을 만들지 못하게 한다. 따라서 보통 고양이 한 마리의 모피에 주황색 털과 검정 털은 공존할 수 없다.

그러나 실제로 삼색 털 고양이에는 '주황색'과 '검정' 털이 동시에 나 있다. 대체 어떤 메커니즘이 작용해서 이 공존이 가능해진 것일까? 또 왜 암컷에게만 가능할까?

주황색 유전자는 X염색체 위에 있다. 다만 주황색 유전자를 가진 X염색체와 이를 갖고 있지 않은 X염색체인 2가지 유형이 있다. 영어 Orange(주황색)의 머리 문자를 따서 전자를 'XO', 후자를 'Xo'라고 하자.

아는 사람도 있겠지만 인간과 고양이도 여성은 X염색체를 2개 지닌다(하나는 부父에게서 또 하나는 모母에게서 받았다).

암컷을 '주황색' 유전자를 몇 개 지녔는지를 기준으로 나누어보면 3가지 유형의 암컷이 있다. 즉 주황색 유전자를 2개 지닌 암컷, 1개 지닌 암컷, 그리고 하나도 없는 암컷이다. X염색체로 나타내면 순서대로 'XO, XO' 'XO, Xo' 'Xo, Xo'가 된다.

한편 수컷은 X염색체를 1개만 갖고 있다(X염색체는 모母에게서만 받고 부父에게서는 Y염색체를 받는다). 암컷과 마찬가지로 주황색 유전자를 몇 개 갖고 있는지를 기준으로 나누어보면 수컷은 2가지 유형이 있다. 즉 1개 지닌 수컷과 하나도 갖고 있지 않은 수컷이다. 마찬가지로 X염색체로 나타내면 'XO'와 'Xo'라는 2가지 유형의 수컷으로 나뉜다.

우선 알기 쉬운 수컷의 털색부터 설명하면, 'XO'인 수컷은 주황색 유전자를 갖고 있으니 털색은 주황색이 되고 검정 털은 나지 않는다. 또 'Xo'인 수컷은 검정 털이 되고 주황색 털은 나지 않는다. 수컷 한 마리의 모피에 '주황색' 털과 '검정' 털은 공존할 수 없다.

이제 암컷의 3가지 유형에 관해 살펴보자. 첫 번째인 'XO, XO' 유형은 주황색 유전자를 2개 지녔으니 털색은 주황색이고 검정 털은 나지 않는다. 세 번째인 'Xo, Xo' 유형은 주황색 유전자를 갖고 있지 않으니 주황색 털은 나지 않고 검정 털이 난다.

그러면 두 번째인 'XO, Xo'는 어떨까? 이 유형은 검정 유전자를 작동하지 못하게 하는 주황색 유전자를 1개 지녔으니 일반적으로 생각하면 털색은 주황색이고 검정 털은 나지 않아야 맞다. 그러나 실은 이 'XO, Xo' 유형인 암컷이 주황색과 검정 털이 공존하는 삼색 털 고양이가 될 수 있다. 도대체 어떤 메커니즘이 작동해서 주황색 털과 검정 털의 공존이 가능해지는 것일까?

조금 어려울 수도 있으나 포유류에서 볼 수 있는 흥미로운 메커니즘에 의해 이런 공존이 일어난다.

어미 고양이의 몸 안에서 배란된 난자가 아비의 정자와 수정해서 수정란이라는 하나의 세포가 형성된다. 이 수정란의 X염색체 유형을 'XO, Xo'라고 하자. 이것이 어미의 자궁 안에서 훗날 삼색 털 고양이 암컷이 되는 태아로 자라난다.

수정란은 세포분열을 반복하고 세포가 점점 많아져서 어미의 뱃속에서 배ㅡ가 된다. 이 초기 배가 있는 단계에서 재미있는 현상이 일어난다. 이 배가 암컷인 경우, 어느 시기가 되면 각 세포가 2개씩 갖고 있는 X염색체의 한쪽이 불활성화한다(X염색체 불활성화 현상). 즉 한쪽 X염색체 안에 있는 유전자가 전혀 작동하지 않는 현상이다.

각 세포에 2개 있는 X염색체 중 어느 쪽이 불활성화하는지는 세포마다 임의적이고, 2분의 1의 확률이다. 여기서는 쉽게 이해하기 위해 불활성화한 X염색체가 소멸했다고 간주하자.

이 불활성화로 아직 작은 배를 구성하는 세포는 'XO' 유형과 'Xo' 유형이 거의 반반으로 존재하게 된다. 각각의 세포는 출산까지 더욱더 세포분열을 반복해서 2가지 유형의 세포가 모자이크처럼 아기 고양이의 신체에 존재하게 된다.

아기 고양이의 피부 중 'XO' 유형의 세포가 있는 부위는 '주황색' 털이 나고 'Xo' 유형의 세포가 있는 부위는 '검정' 털이 나게 된다. 이렇게 해서 한 마리의 고양이 모피에 주황색 털과 검정 털이 공존하게 된다.

게다가 암컷이 '흰색' 유전자(온몸이 하얗게 되는 것이 아니라 배 쪽에 주로 흰색 털이 난다)를 갖고 있으면 흰색 털이 더해져서 삼색 털 고양이가 탄생하게 된다.

또 흰색 유전자를 갖고 있지 않으면 '이색 털 고양이' 혹은 '얼룩 고양이'라고 하는, 주황색과 검정만 섞인 암컷이 태어난다. 앞에서 설명했듯이 이 두 가지 색 털이 공존하는 고양이도 삼색 털 고양이처럼 암컷밖에 없다.

다음으로 아주 드물게 태어나는 수컷 삼색 털 고양이는 염색체 이상으로 만들어지는데 암컷과 마찬가지로 X염색체를 2개 가진 수컷이다. 이를 클라인펠터증후군이라고 하며 수천 마리 중에 한 마리의 비율로 태어난다.

따라서 이 수컷의 X염색체는 암컷과 마찬가지로 'XO, XO' 'XO, Xo' 'Xo, Xo'의 3가지 유형을 지니고, 암컷과 같은 이유로 두 번째인 'XO, Xo' 유형만이 삼색 털 고양이나 이색 털 고양이, 혹은 얼룩 고양이가 될 수 있다. 삼색 털 고양이 수컷은 거의 모두 자손을 남길 수 없는 1대에 한정된 고양이이다.

이것이 삼색 털 고양이가 암컷밖에 없는 이유이다.

삼색 털 고양이 암컷이 태어나기까지 그 몸 안에 다양한 메커니즘이 작동하고 있음을 새삼 실감하지 않을 수 없다. 게다가 삼색 털 고양이 수컷의 탄생은 그야말로 기적적인 현상이 아닌가? 선원들이 거액을 치르고서라도 갖고 싶어 하는 심정을 이해할 만하다.

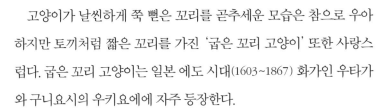
굽은 꼬리 고양이의
수수께끼

　고양이가 날씬하게 쭉 뻗은 꼬리를 곧추세운 모습은 참으로 우아
하지만 토끼처럼 짧은 꼬리를 가진 '굽은 꼬리 고양이' 또한 사랑스
럽다. 굽은 꼬리 고양이는 일본 에도 시대(1603~1867) 화가인 우타가
와 구니요시의 우키요에에 자주 등장한다.

　굽은 꼬리 고양이의 꼬리는 토끼처럼 짧은 형태, 끝이 약간 굽은
형태, 그리고 철사처럼 구불구불 심하게 구부러진 열쇠 모양도 있다.
모두 미추골尾椎骨이 엉겨 붙어 만들어진 것으로 유전자 돌연변이가
원인이다. 꼬리가 굽은 고양이의 꼬리를 만져보면 그 뼈의 변형 정도
를 쉽게 알 수 있다.

　해외에서는 일본의 굽은 꼬리 고양이를 하나의 품종으로 확립한

'재패니즈밥테일'로 유명하다. 영국의 맨 섬이 기원인 '맹크스고양이'는 꼬리가 없는 품종인데, 이들은 돌연변이에 의해 미추골이 아예 없다. 일본에서 볼 수 있는 굽은 꼬리 고양이와는 본질적으로 다르다.

굽은 꼬리 고양이는 에도 시대의 우키요에 등 회화에서 특히 자주 볼 수 있다. 교토대학 영장류연구소의 노자와 켄野澤謙 명예교수가 에도 시대의 일본 회화에 나오는 243마리의 고양이를 조사했더니 거의 반수인 122마리가 꼬리가 굽은 것이었다고 한다.

에도 시대에는 꼬리가 긴 고양이가 나이를 먹으면 꼬리가 두 갈래로 갈라지며 '네코마타'라는 괴물 고양이가 되어 요술을 부린다는 전설이 있었다. 이런 전설의 영향으로 에도 시대 사람들은 꼬리가 짧은 굽은 꼬리 고양이를 선호해서 기르게 되었고, 그 결과 굽은 꼬리의 비율이 높아졌다고 한다.

그러나 에도 시대 이후 메이지, 그리고 현대로 시대가 지날수록 그림에 등장하는 굽은 꼬리 고양이의 수는 점차 감소한다. 이는 서양화에 자주 등장하는 긴 꼬리 고양이를 회화의 모티브로 선호하게 되었고 일본에도 서양 고양이가 반입되어 긴 꼬리 고양이가 많아졌기 때문인 듯하다.

이야기가 조금 벗어나지만, 그림 속에 등장하는 굽은 꼬리 고양이의 비율을 조사한 노자와 켄은 일본을 비롯한 세계 각지의 길고양이 털색 유전자 비율을 조사한 것으로도 유명한 연구자이다.

굽은 꼬리 고양이

털색 유전자 조사라고 해도 오늘날 유행하는 DNA 분석 방법이나 어떤 특별한 정밀기기가 필요한 것은 아니고 노트와 연필만 있으면 충분했다.

노자와는 고양이 털색이나 그 신체적 특징을 한눈에 파악해 그 고양이가 지닌 10가지 이상의 유전자 유형을 즉각 판별해내고 기록해 나갔다. 때로는 여행지에서 자전거를 빌려 거리를 돌아다니다가 만난 길고양이를 기록하고 어떤 때는 이동 중인 전차의 차창 너머로 보이는 고양이도 기록했다.

노자와가 이렇게 조사한 세계 각지의 고양이는 수만 마리에 이른다. 20년이 넘는 기간에 걸쳐서 전 세계 고양이의 유전적 측면을 밝혀낸 실로 장대한 연구이다.

내가 교토대학 영장류 연구소에 재직하던 시절 노자와 선생과 나는 같은 연구실에서 1년 정도 함께 지냈다. 침팬지와 고릴라 등 영장류를 연구하는 기관에 몸담고 있으면서도 우리는 '고양이 연구자'였기에 연구하는 틈틈이 고양이에 관한 이런저런 이야기를 나눴다.

노자와가 일본 전국의 굽은 꼬리 고양이의 비율을 조사했을 때 전국 평균치는 약 40%였다. 일본 길고양이 5마리 중 2마리는 굽은 꼬리 고양이인 셈이다. 지역 중에서 긴키 지방의 나라현, 시가현, 교토부의 굽은 꼬리 비율이 10~20%로 특히 낮다.

한편 규슈지방은 굽은 꼬리 비율이 높아서 50%가 넘는 현이 6곳이나 되었다. 특히 나가사키현은 약80%로 일본 전역에서 가장 높은 굽은 꼬리 비율을 보였다. 나가사키 마을 곳곳을 돌아다니거나 언덕 길을 거닐면 많은 길고양이들이 눈에 띈다. 나도 몇 차례 이곳을 방문한 적이 있는데 대부분의 길고양이들이 굽은 꼬리 고양이였다.

나가사키현에 굽은 꼬리 고양이가 많은 이유에 대해서는 일본의 쇄국정책 시기에 네덜란드 배가 경유지인 동남아시아로부터 굽은 꼬리 고양이를 들여왔다는 설이 있다.

노자와의 연구에 따르면 동남아시아에서 굽은 꼬리 고양이 비율은 인도네시아를 중심으로 매우 높다고 한다. 아마도 굽은 꼬리 고양이 유전자의 기원은 그 부근일 것이다.

에도 시대에 인도네시아를 경유한 네덜란드 배가 쥐를 퇴치하기 위해 굽은 꼬리 고양이를 태우고 나가사키에 데리고 왔다는 주장은 분명 설득력이 있다.

이렇게 반입된 굽은 꼬리 고양이가 '괴물 고양이 전설'의 바람을 타고 일본 전역으로 퍼져나간 게 아닐까? 오랜 과거에 있었던 인간 활동의 흔적이 오늘날 고양이의 몸에 남아 있는 한 예가 이 굽은 꼬리 고양이이다. 굽은 꼬리 고양이는 인간과 고양이의 깊은 관계를 가르쳐준다.

길고양이 생태학 시작하기
- ① 고양이 식별 카드 만들기

길고양이 생태학(길고양이 연구)을 시작할 때 가장 먼저 해야 하는 것은 길고양이의 털색과 무늬, 신체적 특징 등을 토대로 각각의 고양이를 구분하는 것이다. 이를 전문용어로는 '개체 식별'이라고 한다.

길고양이뿐만 아니라 야생동물의 생태 연구를 시작할 때 연구자가 처음으로 실시하는 중요한 작업이 바로 이 '개체 식별'이다. 세계를 선도하는 일본의 영장류 연구에서는 일본원숭이의 얼굴과 신체적 특징 등을 바탕으로 수백 마리의 원숭이를 식별하기도 한다.

각 개체를 식별할 수 있게 되면 이전까지는 단순히 수많은 생물들의 무리에 불과하던 것을 각자 개성을 지닌 동물들이 모인 사회로 파악할 수 있다. 예를 들어 '긴타'는 평소 같으면 3번지 공원에 있을 텐데 오늘은 1번지 담뱃가게 앞을 흠칫흠칫하면서 걷고 있었다든지 '나오스케'가 발정한 '미케린'에게 교미하려고 했지만 거부당해 고양이 펀치를 먹었다든지 하는 식으로 적나라한 '사실'도 알게 된다.

나는 길고양이 개체를 파악하는 데 '개체 식별 카드'를 사용한다. 엽서 크기의 카드로 고양이 얼굴과 신체 좌우 측면의 윤곽이 인쇄되어 있다. 나는 색연필로 색칠 놀이하듯이 내가 만나는 길고양이의 털색, 신체 모양, 꼬리 형태 등 특징을 여기에 기록한다.

왼쪽의 개체 식별 카드는 위 사진의 고양이를 기록한 것. 이름, 성별, 연령, 부모, 특징 등을 적는 난이 있다.

이 개체 식별 카드는 색칠 놀이하는 느낌으로 기록하기 간편해서 아이들도 쉽게 길고양이 생태학에 참가할 수 있다. 요즘에는 휴대폰카메라나 디지털카메라로 사진을 찍어 식별 카드와 함께 적절히 활용하면 많은 길고양이들을 식별할 수 있다.

나는 아이노시마에서 200마리 이상의 길고양이를 식별했다. 여러분도 주위에 있는 길고양이의 식별 카드를 만드는 것부터 시작해보기 바란다. 고양이의 알려지지 않은 본모습에 더욱 가까이 다가가게 될 것이다.

5장

노후의 생활

고양이의
평균수명

　인간에게 노후가 있듯이 고양이에게도 '고양이의 노후'가 있다. 집고양이의 경우 요즘은 노묘가 될 때까지 사는 것이 일반적인 추세이다. 노후의 집고양이는 하루의 태반을 잠자며 지낸다. 그리고 오래 살아 정든 집에서 대개는 주인의 보살핌을 받으며 집고양이 일생의 최후를 맞는다.

　한편 길고양이는 '길고양이의 노후'라는 말이 없을 정도로 노묘가 되기 전에 대부분 죽는다. 그러나 섬처럼 살기 좋은 환경에서는 노묘로 살아남는 길고양이도 있다. 일본이 극도의 고령화 사회로 가속하고 있는 가운데 더 나은 노후 생활의 힌트를 섬에서 살아남은 '노묘의 생존 방식'에서 발견할 수 있을지도 모른다. 5장에서는 '고양이의 노후'를 몇 가지 관점에서 살펴보겠다.

집고양이의 평균수명은 사단법인 펫푸드협회 자료(2013년도)에 따르면 15세이다. 최근에는 집고양이 수명도 해마다 늘어나고 있다. 이는 캣푸드 등 먹이가 질적으로 향상하고 인간의 경우와 같이 동물 의료도 나날이 진보하고 있기 때문일 것이다.

집고양이도 인간과 같은 고령화 시대를 맞이하고 있다. 기네스 북에 기록된 최장수 집고양이는 미국 텍사스주에 살았던 크림 퍼프 Creme Puff라는 이름의 암고양이이다. 이 고양이는 1967년 8월 3일 에 태어나 2005년 8월 6일까지 38년 3일 살았는데, 평균수명의 2배 도 넘게 살았으니 엄청난 장수 고양이이다.

고양이의 수명은 품종에 따라 걸리기 쉬운 특정 질병이 있어 다소 차이가 있다. 이런 개체 차이뿐 아니라 제공되는 먹이의 질, 그리고 사육 방식에 따라서도 크게 좌우된다. 또 인간과 마찬가지로 암컷이 수컷보다 장수하는 경향이 있다.

히라이와 요네키치의 『고양이의 역사와 기이한 이야기』에 따르면 일본의 최장수 고양이는 '요모코'라는 이름의 암고양이이다. 1935년 아오모리현의 어느 가정집에서 키우기 시작해서 36년 동안 살았다 고 한다. 기네스 공인기록은 아니지만 얼마 전까지 비공식 세계 최장 수 고양이였다.

'요모코'만큼 오래 사는 집고양이는 거의 없겠지만 요즘은 20세

가까이 사는 집고양이가 적지 않다. 집고양이가 고령화하는 현재, 반려묘를 키우고 싶은 사람은 자신이 집고양이의 평균수명인 15년 이상까지 건강하게 돌볼 수 있는 상황에 있는지 어떤지 생각해볼 필요가 있다.

그럼 길고양이의 평균수명은 어느 정도일까? 집고양이와 다르게 길고양이의 정확한 수명은 알 수 없지만 대개 3~5년일 것으로 추정된다. 이는 집고양이 평균수명의 5분의 1에서 3분의 1로, 길고양이가 얼마나 혹독한 상황에서 살고 있는지 잘 보여준다. 아기 고양이나 어린 고양이 시기에 죽어버린 길고양이는 평균수명 계산에 들어가지 않으니 실제 평균수명은 훨씬 짧아진다. 그러나 길고양이도 어디에 사느냐에 따라 장수할 수 있다. 내가 조사했던 아이노시마가 바로 그런 곳이다.

아이노시마의 수컷 길고양이는 약 60%가 5세 이상이었다. 조사기간이 7년간이었으니 모든 길고양이의 수명을 정확하게는 기록하지 못했고 평균연령도 알 수 없었다. 하지만 조사를 시작할 당시 3세 이상일 것으로 추측한 성묘의 절반 가까이가 7년 후 조사를 마칠 때도 아직 살고 있었으니 10년도 넘게 사는 길고양이가 꽤 많았다고 볼 수 있다.

길고양이의 평균수명이 3~5년인 상황에서 아이노시마의 길고양이들은 놀라울 정도로 오래 산다고 할 수 있다.

아이노시마의 길고양이는 왜 장수할 수 있을까? 이는 그곳에 사는 사람을 포함해서 섬 환경과 깊은 관련이 있는 듯하다. 우선 먹이가 주로 생선 쓰레기(생선 뼈, 껍질, 내장 등)라서 단백질이 풍부하고 영양 균형도 나쁘지 않다. 자연환경이 풍요로운 섬이니 먹이가 부족하면 예전의 고양이가 그랬듯이 소동물을 잡아서 보충할 수도 있다.

또 섬에는 자동차가 거의 없고 고양이가 길 한 가운데 드러누워 잠을 자더라도 자동차가 이를 피해 지나갈 정도이다. 교통사고가 도시 지역 길고양이의 주요 사망요인 중 하나로 꼽히지만 이 섬에는 교통사고로 목숨을 잃는 고양이가 거의 없다. 게다가 섬을 빙 둘러싼 바다는 고양이 전염병이 섬에 유입되는 것을 막아준다.

아이노시마에는 또 하나, 길고양이들이 살기 좋고 장수할 수 있는 환경을 보증하는 것이 있다. 그것은 섬 주민들이 길고양이를 비롯한 고양이들에게 매우 관용적이라는 사실이다. 예전의 어선은 목조선이었기에 배 바닥에 구멍을 뚫는 쥐는 어부들에게 목숨까지 앗아갈 수 있는, 작지만 무서운 적이었다. 이 쥐를 퇴치해주는 고양이는 참으로 어선과 어부의 '수호신'이었다. 오늘날의 배는 쥐가 갉아도 끄떡없는 인공소재로 만들어지지만 어촌에서는 고양이를 소중히 여기는 습관이 여전히 남아 있다.

아이노시마에서는 인가 주위에도 사람에게 전혀 길들여지지 않은 길고양이가 많이 있다. 어떤 길고양이는 이따금 집안에 몰래 들어와

물고기를 훔쳐가기도 한다. 그러나 섬사람들은 그 순간에는 화를 내다가도 그 길고양이를 찾아내 따끔한 맛을 보여준다든지 인가 주위에 길고양이가 오지 못하게 하지는 않는다. 섬사람들은 길고양이를 인간 주위에 당연히 있는 존재로 받아들이고 있다. 이처럼 길고양이에 대한 관용적인 태도가 길고양이에게 이곳을 살기 좋은 섬으로 만들어주는 것이다.

몹시 추운 날 어부가 이런 말을 한 적이 있다. "춥네. 이렇게 추운 날에 고양이들은 어떻게 지내고 있을까?" 섬사람들에게 길고양이는 같은 섬에서 함께 살아가는 동료 같은 존재인지 모른다. 길고양이에게 오래 사는 것이 꼭 행복인지는 알 수 없지만 스트레스 없이 유유자적 살아갈 수 있는 섬 환경은 분명 행복일 터이다.

노후는
몇 살부터?

고양이의 나이를 인간의 나이로 환산한 표가 있다. 이에 따르면 고양이의 한 살 반은 인간의 20세, 여섯 살은 40세, 열한 살은 60세, 그리고 고양이의 스물한 살은 인간의 100세가 된다.

인간은 몇 살부터 노인이라고 부를 수 있을까? 이는 제각기 달라서 70세, 80세가 되어도 여전히 건강하고 노인이라는 말을 듣기 싫어하는 사람도 많다. 화내는 사람도 더러 있을지 모르지만, 일반적으로 일을 은퇴하는 연령인 60세 이후를 노후로 본다면 고양이는 열한 살이 노묘의 나이에 해당한다.

그때까지의 영양상태와 생활환경, 고양이의 품종에 따라 다르지만 이 정도 나이를 먹으면 이빨도 몇 개 빠지고 식욕도 예전 같지 않고 털에 윤기도 없어지고 또 젊었을 때에 비해 잘 움직이지 않으며 잠자고 있는 시간도 많아진다. 게다가 동작도 느리고 예전처럼 사물에 흥미를 보이지 않게 된다. 또 여러 질병에 걸릴 위험도 높아진다.

노묘가 지내는 1년은 인간이 4년 나이를 먹는 것과 같아서 겉보기에도 노화가 빠른 속도로 진행된다. 주인도 점차 사랑하는 고양이와 이별을 맞이할 상황에 대해 각오하지 않을 수 없다.

노묘는 인간과 똑같이 나이를 먹으면 백내장을 앓거나 치매에 걸리기도 하고 자리에 누운 채 꼼짝도 할 수 없게 되어 사람이 간병을 맡아야 한다. 그리고 마침내 주인과 이별의 순간, 집고양이로 '고양이의 일생'의 최후를 맞이한다.

한편 길고양이는 야생동물과 다름없이 가혹한 환경 속에 내던져 있다. 젊은 시절에 비해 체력이 떨어지고 지금까지 해왔듯이 스스로 먹이를 잡아먹을 수 없게 되면 노묘에 이르기 전에 죽음을 맞이한다. 길고양이는 집단 사냥을 하지 않기에 동료가 사냥감을 잡아먹고 남은 것을 얻을 기회가 있는 것도 아니고 먹이를 갖다 주는 동료도 없기 때문이다.

또 도시에서는 주위 환경이 눈이 어지러울 정도로 변화무쌍하고 불안정하다. 노묘 연령이 가까워지면 새로운 환경 변화에 대응하기도 어려워진다. 길고양이의 평균수명이 3~5년인 것처럼 대부분의 길고양이는 노묘가 되기 전에 '고양이의 일생'을 마치게 된다.

10세가 넘는 길고양이가 드물지 않은 아이노시마는 어떨까?

조사를 시작한 시점에 털의 결이나 이빨 빠진 정도로 미루어 10세쯤 되어 보이는 고양이도 있었는데 그중 몇몇은 7년 후 조사가 끝났을 때도 살아 있었다. 이 노묘들은 집고양이 노묘와 똑같이 하루 종일 잠만 잤다. 이들은 움직임이 느렸고 해 질 녘에 바닷가 근처를 힘없이 휘청거리며 걷는 모습이 자주 눈에 띄었다. 고령으로 고기잡이를 은퇴한 섬 노인이 아침저녁으로 지팡이를 짚고 쉬엄쉬엄 바다를 응시하며 천천히 바닷가를 산책하는 모습과 겹쳐 보였다.

노묘들은 먹이 장소에 거의 매일 밤 모습을 드러냈다. 젊은 고양이처럼 일찍부터 와서 생선 쓰레기가 버려지기를 기다리는 게 아니라 다른 길고양이들이 대부분 다 먹고 돌아갔을 즈음에 먹으러 왔다. 남은 것이기는 해도 노묘가 살아갈 수 있을 정도의 먹이는 있었던 것 같다.

또 버려진 생선 쓰레기가 파도에 휩쓸렸다가 다시 물가로 널리 퍼져서 흘러들어오기에 노묘들은 바닷가 구석구석을 헤매며 먹이를 찾아냈다. 이렇게 먹이를 찾는 방식은 노묘의 지혜인지도 모른다.

자동차가 거의 없는 섬에서는 움직임이 둔해졌다고 해서 교통사고를 당하는 일도 없다. 또 섬은 도시 재개발이나 택지개발처럼 인위적인 환경 변화가 크게 일어나지 않기에 노묘에게도 오랫동안 해온 생활습관을 바꿀 필요가 없고 생활하기 쉬운 환경일 것이다.

오늘날 인간 사회는 구조와 시스템이 눈부시게 변화하고 있고 젊은 세대를 중심으로 한 많은 사람들이 그 편리함을 누리고 있다. 그러나 한편으로 변화에 순응하지 못하고 어리둥절해하며 뒤처져버리는 고령자도 많이 있다. 주요 소통 수단이 이메일이나 SNS 따위로 대체된 현대 IT 사회도 이런 측면이 강하다. 한가로운 아이노시마에서 유유자적 여생을 보내는 노묘의 모습은 우리에게 뭔가 중요한 것을 가르쳐주는 것 같다.

노묘가
걸리기 쉬운 질병

　노묘는 집고양이라 하더라도 여러 가지 질병에 걸린다. 특히 많이 걸리는 것이 신장병이다. 신장은 혈액 속의 유해한 노폐물을 혈액에서 제거해서 체외로 배출하는 소변을 만들어내는 중요한 장기이다.

　인간과 마찬가지로 신장 조직이 한번 손상되면 기능이 회복되지 않는다. 나이가 들수록 신장이 쪼그라들어 신기능이 떨어지고 만성신부전을 일으킨다. 그리고 더 악화되면 혈액에 들어있는 유해 노폐물을 제거하지 못해 요독증에 걸려 죽고 만다.

　인간은 인공투석이나 신장이식을 통해 연명할 수 있지만 고양이에게 이런 치료법은 현실적이지 않다. 만성신부전은 노묘의 사망원인 1위라고 할 만큼 노묘의 건강에 심각한 질병이다.

고양이의 조상인 리비아고양이는 원래 사막이나 건조한 초원에 서식하는 동물이다. 그래서 이런 건조한 장소에서 체내 수분을 가급적 소변으로 잃어버리지 않기 위해 농축한 소변을 배출하도록 신체 기능을 진화시켰다. 그러나 고농축 소변을 계속적으로 만들어내면 신장이 큰 부담을 안게 된다.

야생 고양이인 리비아고양이는 신장질환이 나타날 정도로 오래 살지 않기에 주요 사망원인이 되지 않지만 신장 기능을 그대로 이어받은 고양이가 오래 살아서 노묘가 되면 신장병 증상이 나타난다. 만성신부전은 근본 치료법이 없으므로 주인은 조기에 전조 증상(식욕 부진, 다음다뇨 등)을 판별해서 수의사에게 진단받고 병세 진행을 늦추는 대증요법과 식이요법을 해나가야 한다.

인간과 마찬가지로 악성종양(암)도 고양이의 노화가 진행될수록 많이 걸리는 질병이다. 암은 다양한 조직과 부위에 발생하는데 고양이에게 특히 많은 것이 혈액암으로, 백혈병과 림프종이 많이 나타난다. 특히 백혈병은 고양이백혈병바이러스(FeLV)에 의해 모자 감염하기도 하고 싸움을 통해서도 감염된다.

또 유방암이나 피부암을 비롯해서 모든 장기에 암이 발생할 가능성이 있다. 인간과 마찬가지로 암은 조기 발견되면 외과적 수술로 제거할 수 있지만 발견이 늦으면 수술에 의한 부담이 클 뿐 아니라 전이 가능성도 높아진다.

노묘가 되면 암 외에도 심근증이나 갑상선기능항진증, 당뇨병, 심지어 백내장에 걸리기 쉽다.

고양이도 치매에 걸린다. 고양이는 나이를 먹으면 잠자고 있는 시간이 많아지기 때문에 증세가 있는지 여부를 좀처럼 파악하기 어렵다. 이제까지 해오던 것을 못하게 되었거나 이상한 행동을 보이면 치매일 가능성이 있다.

예컨대 조금 전에 먹이를 줬는데도 자꾸 달라고 조른다든지 밤낮이 뒤바뀌어 한밤중에 크게 운다든지 어디에 용변을 봐야 할지 몰라서 아무 데나 실금한다든지 주인이 불러도 반응하지 않는다든지 하면 치매 증세일 가능성이 있다.

인간과 마찬가지로 증세는 시간이 흐를수록 심해지지만 평소에 가급적 세심하게 보살피며 자극해주면 예방과 더불어 진행을 늦추는 효과를 기대할 수 있다.

집고양이는 노묘가 되어 병에 걸려도 매일 먹이를 먹을 수 있고 병원에서 치료도 받을 수 있다. 그러나 길고양이는 용케 노묘로 살아남았다고 해도 사소한 병에라도 걸리면 거기서 '고양이의 일생'을 마치게 된다. 길고양이는 집고양이와 비교도 안 될 만큼 혹독한 환경에서 살고 있는 까닭이다. 아이노시마에서 병든 노묘가 눈에 띄지 않는 이유도 병에 걸리면 곧바로 죽고 말기 때문이다.

고양이 사회에는
장유유서가 있을까?

　내가 아이노시마에서 관찰했던 노묘들은 보통 야윈 몸에 털은 윤기가 없고 지저분했다. 그루밍도 그다지 자주 하지 않기 때문일 것이다. 어떤 놈은 죽은 게 아닌가 걱정스러울 정도로 똑같은 자세로 몇 시간이고 깊이 잠들어 있곤 했다.

　가끔 노묘를 포획했을 때 이빨을 살펴보면 상당수의 이빨이 빠져 있었다. 고양이의 앞니는 깨알 정도 크기로 아래위 각각 6개씩 나란히 있는데 이 앞니가 한두 개만 남아 있거나 송곳니와 어금니 태반이 빠져 있는 놈도 있었다. 인간이라면 틀니를 끼워 넣거나 임플란트를 해야 하는 상태였다.

　그런데 다른 길고양이들은 노묘를 어떻게 대할까? 이들은 노묘를 따돌리거나 쫓아내는 일이 거의 없다. 그렇다고 해서 먹이를 갖다 준다든지 간병을 하지도 않는다. 다만 암컷 노묘인 경우, 딸이나 손녀 등 모계 혈연인 개체가 같은 먹이 장소에 모이는 무리에 많이 남아 있으면 비교적 혜택 받는 노후를 보낼 수 있다.

낮 동안 노묘가 혈연관계인 암고양이들과 서로 바싹 붙어서 낮잠을 자기도 하고 다른 암고양이들에게 그루밍받는 모습도 종종 눈에 띄었다. 또 먹이 장소에서도 그 모계 집단의 지배력이 우세하면 암컷 노묘도 우선적으로 먹이를 먹을 수 있다.

아이노시마의 사카야여관 뒤편 먹이 장소에 있던 '타마'가 좋은 예이다. 하얀 털이 뚜렷해진 '타마'는 햇볕이 내리쬐는 생선 상자 위에 앉아 온종일 자고 있었다. 그리고 옆에는 언제나 손녀 아니면 증손녀 고양이가 바싹 붙어 잠자고 있었다. 암고양이는 힘은 들지만 새끼 고양이를 건강하게 키우고 그 손녀들도 무사히 길러내 혈연관계인 무리를 자신의 먹이 장소에서 번성시키면 편안한 노후를 맞는다. 인간 사회도 어딘지 비슷한 구석이 있다.

한편 수컷 노묘는 어떨까?

수컷은 암컷과 달리 혈연관계인 개체들과 함께 살지 않는다. 할머니 고양이처럼 손녀들과 가까이 어울려서 잠을 자지도 않고 낮잠을 잘 때든 먹이를 찾아 헤맬 때든 혼자이다. 애초에 자신의 자식이나 손주가 어느 고양이인지도 모른다. 수고양이는 평생 고독한 고양이의 일생을 보내는 것이다.

또 수컷 노묘는 발정기가 되면 암컷에 대한 관심이 아주 없어지진 않았지만 그렇더라도 한창 궤도에 올라있는 7, 8세짜리 수컷처럼 마킹 행동을 빈번하게 하거나 경쟁자와 싸우느라 밤을 새지는 않는다. 싸움을 피하고 있는 듯 보이기도 한다. 고환은 다른 수컷과 마찬가지로 발정기에 크게 부풀어 오르고 발정한 암컷이 있으면 말석이나마 구애에도 참가한다.

평생 현역이라고 할 수도 있지만 그 구애도 오래가지 않는다. 발정한 암컷이 반복적으로 자주 이동하는 사이에 포기해버린다. 수컷 노묘가 구애의 고리에서 사라졌나 싶더니 근처 양지 바른 담장 위에서 축 늘어진 채 쉬고 있던 적도 있다. 발정한 암컷에 대한 구애는 체력과 기력을 엄청나게 소모해야 하기에 수컷 노묘에게는 상당한 부담이 될 것이다.

내가 조사하는 동안 젊은 고양이나 성묘들이 며칠씩 보이지 않으면 익스커션이나 다른 무리에게 원정을 떠난 것이었는데 얼마 후에는 대부분 원래의 장소로 돌아왔다. 하지만 수컷 노묘가 1주일쯤 모습을 보이지 않으면 두 번 다시 볼 수 없었다. 길고양이로는 기나긴 고양이의 일생을 마감했음을 의미한다.

'죽을 때 모습을
감춘다'는 것이
정말일까?

고양이는 자신의 최후를 알아차리고 주인 앞에서 사라져 조용히 죽음을 맞는다는 말이 있다. 내 어머니는 어린 시절 집에서 기르던 고양이가 없어졌는데 한참 지난 후에 근처 대나무숲 속에서 사체로 발견되었다는 이야기를 내게 자주 들려줬다. 나는 이와 비슷한 이야기를 고양이를 키운 사람들로부터 많이 들어왔다.

그러나 한편으로 집고양이를 집 밖으로 자유롭게 나다니게 하며 키웠지만 집에서 죽음을 맞았다는 이야기도 역시 자주 듣는다. 따라서 집고양이가 죽을 때 반드시 주인 앞에서 모습을 감춘다는 것은 적어도 사실이 아닌 듯하다. 집 밖에서 최후를 맞는 집고양이가 어떤 상황이었을까 상상해보면 이러한 이야기의 수수께끼를 풀 만한 몇 가지 힌트를 얻을 수 있다.

집고양이가 집 밖에 나가 영역을 순찰하던 도중에 운 나쁘게 교통사고를 당하거나 누군가로부터 습격 당해 다치면 움직일 수 있는 한 우선 온몸을 다해 그 자리에서 도망친다. 그리고 본능적으로 근처의 집 마루 밑이나 건물 틈새 등 좁은 장소에 몸을 피하고서 상처가 낫기를 기다린다.

고양이는 좁은 장소에서 몸이 물체와 닿아 있거나 둘러싸여 있으면 그것만으로 안심하는 습성이 있다. 냄비 안에 몸을 둥글게 말고 잠들기도 하고 종이가방 등에 들어가고 싶어 하는 것은 이 때문이다.

그리고 상처가 심각하면 불행하게도 은신처에서 그대로 숨을 거두는 불쌍한 집고양이도 있다. 또 다치지 않았어도 집 밖에 있다가 갑자기 몸 상태가 나빠진 경우도 마찬가지이다.

그 결과 고양이가 몸을 숨겼던 곳에서 사체로 발견되면 마치 자신이 죽으리란 것을 미리 알고 사람 눈에 띄지 않는 장소를 죽을 곳으로 선택한 것이라고 주인은 믿게 된다.

내가 예전에 주워서 보호하고 있던 고양이가 나중에 분양되어 맡겨진 집에서 사라졌다. 그 집 부근을 몇 날 며칠 찾아보았지만 아무런 단서도 잡을 수 없었다. 이 고양이는 암컷 새끼 고양이와 함께 살고 있었기에 우리가 암컷 새끼를 데리고 나와 수색하자 새끼 울음소리를 알아듣고 근처 집의 처마 밑에서 기어 나왔다. 모습이 안 보이기 시작한 지 1주일 가까이 지난 뒤였다.

아마 교통사고를 당해서 근처 집 처마 밑에 숨어 있었던 것 같다. 골반 뼈가 부러져 있었지만 다행히도 수의사의 적절한 치료를 받은 덕분에 원래대로 건강을 되찾았다. 그때 발견하지 못했더라면 그대로 죽었을 것이다.

이처럼 밖에서 상처를 입거나 건강상태가 나빠져서 사람 눈에 띄지 않는 장소에 숨어 있다가 그대로 숨을 거두어버린 집고양이의 사례가 많이 있을 것이다.

다만 주인에게서 돌연 모습을 감추었다고 해도 꼭 불의의 사고를 당해 죽었다고 생각하는 것은 성급하다. 아이노시마의 집고양이 사례에 있듯이 자기 의지로 집고양이의 삶을 버리고 야산에서 살아가는 야생 고양이의 길을 선택하는 경우도 있기 때문이다. 혹은 어떤 사건을 계기로 도망쳐서 다른 가정에서 행복하게 살고 있을 가능성도 있다.

예로부터 고양이는 다른 가축처럼 목줄을 달아서 키우는 동물이 아니라서 집 안팎을 자유롭게 드나들 수 있었다. 그만큼 주인의 눈이 닿지 않는 곳에서 죽는 경우도 많은데 이 때문에 사람들은 고양이가 자신의 최후를 예지하고 어디론가 사라져서 조용히 죽음을 맞이한다고 생각했는지도 모른다. 고양이는 일생을 마치는 순간조차 인간의 눈에 신비롭게 비치는 생물인 것 같다.

길고양이 생태학 시작하기
- ② 고양이에게 이름 붙이기

길고양이를 식별했으면 이번에는 길고양이마다 이름을 붙여보자. 고양이에게 이름을 붙이는 것은 즐거운 작업이긴 하지만 고양이 수가 많으면 제법 큰일이다. 나는 200마리가 넘는 길고양이들에게 모두 이름을 붙여나갔는데 '타마'나 '미케' 등 고양이다운 이름은 처음 몇 마리에서 바닥을 드러내 이름을 짜내느라 몹시 힘들었다.

그래서 담배 상표 이름이나 규슈 요로시쿠소주의 제품 이름(예를 들어 '기리시마' '이이치코' '이사미' 등)을 고양이 이름으로 삼기도 했다. 그러나 이런 방법으로는 고양이의 얼굴을 봐도 그 이름이 금세 떠오르지 않는다는 문제가 있었다.

이런 고민 끝에 내가 생각해낸 방법은 고양이를 봤을 때 첫인상이나 특징을 근거로 이름을 붙이는 것이다. 수고양이인데도 자주 '나오 나오'

라고 울어서 '나오', 눈 주위가 붉게 부어 있던 놈은 '아카메*', 영화 〈더 티 해리〉의 칼라한 형사처럼 거친 행동을 보인 놈은 '해리'라고 부르는 식이다. 이 방법으로 이름을 지었더니 길고양이 얼굴을 본 순간 바로 그 이름이 떠올라서 매우 편리했다.

다만 친구나 지인과 너무 닮아서 그들의 이름을 따서 붙이면 나중에 곤란한 경험을 하기도 한다. 한번은 어느 길고양이에게 당시 친한 선배 이름을 따서 '히로시'라는 이름을 붙였다가 나중에 선배가 그 사실을 알고 심하게 화를 낸 적이 있다.

조사가 끝난 지 20년이 넘게 지난 지금도 그 길고양이들의 사진을 보면 곧바로 그 이름과 함께 다양한 일화가 머릿속에서 펼쳐진다.

6장

고양이와 사람의
행복한 관계를 찾아서

매년
10만 마리가
살처분된다

　'사람'과 '고양이'가 처음 만나 1만 년이 지난 현재까지 인간의 생
활과 사회는 눈부신 변화를 이루었고 세상은 예전에 비해 상상할 수
없을 정도로 편리함과 물질적인 혜택을 누리게 되었다. 시대가 지나
면서 고양이는 쥐를 잡아서 인간의 생활과 재산을 지킨다는 본연의
역할이 희미해지는 대신 인간과 함께 생활하는 동반자 혹은 반려동
물로의 역할이 커졌다. 이처럼 인간 사회에서 고양이의 역할 변화와
함께 사람과 고양이의 관계도 변하고 있다.

　일본 사람들은 전후 고도성장기 이후 물질적인 혜택을 누리며 편
리한 생활을 누리게 되었다. 한편 개인의 삶을 중시한 나머지 과거
지역사회에서 이웃 간에 나누던 상부상조 정신이나 배려하는 마음

을 경시하는 경향이 강해졌다.

현재 고양이 살처분, 분뇨 민원, 과도하게 먹이 주는 행위 등 여러 문제가 불거지는 것도 지역사회의 밀접한 유대관계가 쇠퇴하고 있는 데서 한 원인을 찾을 수 있다.

6장에서는 현대 사회에서 고양이를 둘러싸고 생겨나는 여러 가지 문제와 그 원인을 짚어보고, 해결책을 모색하는 다양한 시도에 관해 이야기한다.

인간과 고양이가 만나 1만 년이 지나는 사이에 고양이는 거의 변하지 않았다. 크게 달라진 쪽은 인간이다. 예전의 더 좋았던 관계를 소망한다면 변해야 하는 쪽은 '사람'이다.

일본 환경성 홈페이지에 따르면 2012년 한 해에 일본에서 살처분된 고양이는 총 12만 3,420마리이다. 많은 애묘인들이 고양이를 소중한 가족의 일원으로 받아들이고 있다. 텔레비전 광고에는 수많은 고양이들의 귀여운 모습이 등장하고, 고양이가 그려진 옷이나 상품이 여성과 아이들을 중심으로 인기를 끌고 있으며, 고양이 전문잡지와 사진집이 날개 돋친 듯 팔리고 있다. 하지만 그 이면에 매년 10만 마리가 넘는 고양이가 인간의 손에 살처분되는 현실이 있다.

고양이는 분명 인간이 인간의 생활을 더 편리하게 즐기기 위해 만들어낸 '가축'이다. 그런데 이토록 인간의 생활과 문화에 깊숙이 관여하고 있는 동물이 인간에게 방해가 된다고 해서 손바닥 뒤집듯 살처분하는 것은 어딘가 비정상적이라고 하지 않을 수 없다.

연간 수만 마리 이상 살처분되고 있는 개도 마찬가지이다. 아이들은 보육원과 유치원, 그리고 가정에서 고양이와 개가 등장하는 그림책을 즐겨 읽고 '야옹이', '멍멍이'라고 부르며 귀여워한다. 이렇게 사랑받는 동물들이 인간의 형편에 따라 쉽게 살처분되고 있는 현실을 아이들은 순순히 받아들일 수 있을까?

우리는 순수한 아이들이 "왜 야옹이를 죽이는 거야?"라고 묻는 소박한 물음에 과연 어떻게 대답하면 좋을까?

동물보호센터나 보건소에 반입되어 살처분되는 고양이의 약 4분의 1이 집고양이이고 그중 반 이상이 그 집에서 태어난 새끼 고양이이다.

저마다 여러 가지 사정이 있을 것이다. 암컷에게 중성화 수술을 하지 않아 예상치 못하게 아기 고양이들이 태어났지만 분양받아줄 곳이 없어서 보호센터로 보내졌을 수 있다. 또 오랫동안 혹은 잠시 기르던 성묘라고 해도 주인이 이사를 갔거나 사망해서, 혹은 건강이나 경제적인 이유 등으로 더 이상 키울 수 없게 된 경우도 많을 것이다.

이런 사례에서 대부분 공통되는 원인은 주인이 고양이를 키우기 시작할 때 고양이라는 생물을 잘 이해하지 못했다는 것이다. 설사 이해했다고 해도 대다수가 그 고양이를 끝까지 키울 각오를 하지 않았을 것이다.

구체적으로 말하면 다음과 같은 사실을 미리 알아둘 필요가 있다.

고양이는 집고양이로 길러지면 평균 15세까지 산다. 암고양이는 중성화 수술을 하지 않으면 아무리 완전하게 단독으로 실내에서 사육한다고 해도 발정기에 집을 나갔다가 임신한 몸이 되어 돌아오곤 한다. 그런데 아무리 귀여운 새끼 고양이라도 이를 분양받아줄 사람은 의외로 적다. 그리고 동물병원에서 예방주사를 맞거나 치료를 받게 되면 인간과 같은 정도(혹은 그 이상)로 의료비가 든다.

나는 고양이를 키우려는 사람은 고양이라는 생물의 습성을 제대로 이해하고 끝까지 책임질 각오를 해야 한다고 생각한다.

물론 그중에는 아이가 밖에서 쇠약한 새끼 고양이를 데려와서 새 주인이 나타날 때까지 부득이 기르게 되었거나 혹은 그 반대로 예기치 못한 사정으로 더 이상 키우지 못하게 된 경우도 있을 것이다. 이때도 가능한 한 담당 행정관청이나 동물보호단체를 통해서 새 주인을 찾아주려는 노력을 기울여야 한다.

인간이 자신이 기르고 싶은 고양이를 고르는 것과 마찬가지로 고양이나 고양이 대변 단체가 고양이를 키워도 될 만한 사람을 선택하게 하는 시스템이 앞으로의 사회에서는 필요하다.

길고양이에게
먹이 주기가
초래한 비극

일본에서 행정기관에 보내져서 살처분된 고양이의 4분의 3이 길고양이 등 주인이 없는 고양이이다. 그리고 이 중 약 80%가 새끼 고양이이다. 이런 결과를 초래하는 원인은, 딱 잘라 말하자면 길고양이에게 과도하게 먹이를 주는 행위 때문이다.

야윈 길고양이가 집 뜰에 들어와서 먹이를 달라고 조르기에 가엾은 마음에 먹을 만한 음식을 냉장고에서 꺼내다 줬더니 맛있게 먹었다. 그 모습을 보니 기분이 좋았다. 많은 사람들이 이와 비슷한 경험을 하지 않았을까? 동물에게 먹이를 주었는데 그 동물이 그것을 맛있게 먹는 모습을 보면 누구나 기쁨을 느끼게 마련이다.

아이들뿐 아니라 전후 혼란기에 먹을거리가 귀했던 시절을 지나

온 세대, 특히 아이들이 배불리 먹으며 웃는 모습을 보기 위해 몸이 부스러지도록 일해 온 세대라면 이런 기분이 들 것이다.

그러나 길고양이가 원하는 대로 매일 먹이를 주다 보면 길고양이도 이에 의지한다. 쓰레기를 뒤지거나 소동물을 잡아먹기보다 먹이를 쉽게 얻을 수 있는 쪽을 선택하는 것이다.

먹이를 주는 쪽도 인간이 먹는 음식만 계속 줄 수 없다 보니 슈퍼마켓이나 편의점, 마트 등에서 쉽게 구할 수 있는 비교적 저렴한 대용량의 캣푸드를 사서 먹이게 된다. 매일 먹이를 주고 한곳에 먹이를 놔두기 시작하면 이번에는 근처의 다른 길고양이들까지 합세해 먹이를 먹으러 모여든다.

게다가 길고양이들이 원하는 대로 고단백·고칼로리 캣푸드를 계속 주다 보면 야위었던 고양이도 영양상태가 점점 좋아져서 몸속에 에너지를 저장해나간다. 그렇게 되면 중성화 수술을 받지 않은 암컷은 축적된 여분의 에너지를 번식, 즉 새끼를 낳고 기르는 데 쓴다.

고양이는 기본적으로 야생동물과 같다. 번식 가능할 때까지 몸에 에너지가 축적되면 일 년에 몇 번이고 새끼 고양이를 계속 낳는다.

어미 고양이가 귀여운 아기 고양이들을 이끌고 먹이를 구하러 오면 먹이 양이 더욱더 많아지고 먹이 주기는 점점 심해진다. 어미 고양이는 또 다음 번식을 시작하고 심지어 어린 고양이들까지 1년도 안 돼 번식하게 되어 삽시간에 고양이 수가 폭발적으로 증가한다.

이쯤 되면 아마도 이웃에서 고양이 분뇨 냄새가 지독하고 털이 이리저리 날린다고 수없이 많은 민원을 제기하게 되고 심각한 경우에는 지역사회 안에서 고립되기도 한다. 중성화 조치를 하려고 해도 개체 수가 많아지면 금전적으로도 불가능해진다. 또 이 무렵에는 먹이에 드는 비용도 가계를 압박하기 시작한다.

결국 어쩔 도리 없이 수많은 새끼 고양이를 비롯해 길고양이들은 살처분 대상이 되고 만다.

길고양이들을 살처분하지 않고 그대로 먹이를 계속 주더라도 결과는 다르지 않다. 기하급수적으로 불어나는 고양이 먹이 비용도 어느덧 감당할 수 없게 된다. 이렇게 되면 약한 새끼 고양이부터 차례대로 영양실조로 죽어나간다.

그 사체는 대부분 눈에 띄지 않기에 먹이를 주는 사람은 더 이상 새끼 고양이가 먹이를 먹으러 오지 않게 되어도 누군가 마음씨 좋은 사람이 데려갔을 거라든지 딴 곳으로 옮겨서 먹이를 얻어먹나 보다고 낙관적으로 생각하기 쉽다.

그러나 사람에게 길들여지지 않은 새끼 고양이를 누가 데려가겠는가?

또 새끼 고양이는 어미에게서 벗어나 다른 장소로 옮겨가지 않는다. 모습이 보이지 않는다면 어디선가 쓰러져 죽었다고 봐야 할 것이다.

처음에는 '가엾다'는 상냥한 마음에서 길고양이에게 먹이를 주기 시작했다가 점차 심해져서 매일같이 먹이를 과잉으로 주게 되면 결과적으로 수많은 목숨을 살처분과 객사로 내모는 비극이 일어난다.

아무도 고양이가 비참한 죽음을 맞는 현장이나 사체를 실제로 목격하지 않기 때문에 이런 과도한 먹이 주기에 의해 빚어지는 비극이 수많은 곳에서 반복적으로 일어난다.

야위어 홀쭉한 길고양이에게 먹이를 주게 되는 동기인, 생물을 향한 상냥한 태도 자체는 결코 비난할 수 없다. 그러나 과도한 먹이 주기 행위는 고양이뿐만 아니라 먹이를 주는 자신과 가족, 이웃 주민, 그리고 살처분을 맡는 행정시설 직원에게까지 큰 불행을 초래한다.

동물을 좋아해서 동물의 생명을 구하기 위해 그 길을 선택한 수의사가 비록 업무라고는 해도 살처분해야 하는 현장에서 겪을 고통은 이루 말할 수 없을 것이다. 나도 동물을 다루는 일을 하는 사람으로서 그 심정을 충분히 헤아리고도 남는다.

나도 이 상냥함이 불러일으키는 비극적인 사례를 많이 보고 듣고 있다. 특히 혼자 사는 고령자가 이런 먹이 주기를 많이 한다. 혼자 생활하는 고령자가 예전 같지 않게 거동이 불편해지면 외출을 꺼리게 되고 친구나 지인들과 만나 대화를 나눌 기회도 자연히 적어진다. 집에 혼자 틀어박힌 채 하루하루를 보내며 자녀나 가족이 찾아오는 명절을 손꼽아 기다린다.

그런 때 배고픈 고양이가 먹이를 구하러 찾아오면, 그리고 날마다 자신을 찾아와 주는 존재가 고양이밖에 없다면 먹이를 내어주는 게 인지상정일 터이다.

특히 예전에 먹을거리가 귀했던 시절을 경험한 적이 있는 사람이라면 상대가 인간이든 동물이든 대부분 그냥 지나칠 수 없을 것이다. 그리고 날마다 배고픈 길고양이가 찾아오기를 이제나저제나 고대하게 될 것이다.

우리가 이런 고독한 고령자를 무조건 비난할 수 있을까?

그 사람이 예전의 대가족 시대처럼 자녀와 손자 손녀들에게 둘러싸여 행복한 여생을 보내고 있다면 이런 일은 일어나지 않지 않았을까? 또 지역사회 전체가 혼자 생활하는 고령자에게 평소에 관심을 기울이고 따뜻하게 지켜주고 있다면 과도한 먹이 주기도 안 하게 되지 않을까?

과도한 먹이 주기가 초래하는 길고양이의 살처분 문제를 해결하려면 단순히 먹이를 주는 사람의 존재를 문제시하는 것뿐 아니라 그런 행위에 이르게 되는 배경을 사회 전체의 문제로 다루어 훨씬 더 넓은 시야에서 고찰할 필요가 있다.

고양이가 성가신 존재가 아니라 거꾸로 인간 사회가 잘 기능할 수 있는 윤활유 같은 존재가 된다면, 고양이와 인간이 사회 안에서 행복하게 공존할 수 있다면, 얼마나 멋질까?

'지역 고양이'라는
발상

최근 '지역 고양이'라는 말을 자주 듣는다. 이는 지역주민들이 그 지역의 길고양이 개체 수가 더 이상 증가하지 않도록 중성화 수술을 해서 번식을 관리하고 물과 먹이를 주고 먹다 남은 먹이와 분뇨를 처리하는 등, 공동으로 보살피는 길고양이들을 가리킨다.

지역 고양이 활동이 원활히 전개되면 길고양이들이 점차 줄어들어 고양이 관련 민원도 없어지고 한 지역 내에서 인간과 고양이가 평화롭게 공존할 수 있다.

지역 고양이 활동을 최초로 시작한 사람들은 요코하마시 이소고구에 사는 고양이를 좋아하는 주민들로, 1997년의 일이다. 이후 일본 전국으로 퍼져나가 이제는 수많은 지역자치단체가 지역 고양이 활동을 권장하고 지원하고 있다. 어떤 지방자치단체는 길고양이의 중성화 수술비용 지원 제도도 실시하고 있다.

지역 고양이 활동의 효과는 지역에 따라 다양하다. 활동이 이상적인 형태로 정착된 곳도 있고 좀처럼 원활히 이루어지지 않는 곳도 있다. 어떤 지역은 지역주민들의 이해를 얻지 못해 주민 간 대립이 일어나기도 하고 분별없는 외부 지역 사람이 일부러 고양이를 버리고 가는 탓에 오히려 길고양이가 증가한 극단적인 사례도 있다.

그러나 나는 지역 고양이 활동이 생각대로 잘 되지 않고 효과가 금세 드러나지 않는다 해도 대단히 의미 있는 활동이라고 생각한다. 지역주민들이 고양이 관련 민원과 살처분 개체수를 조금이라도 줄이기 위해 열심히 노력하면서 마을 내에서 활동하는 것 자체가 속도는 느리지만 전체 지역주민의 의식을 바꾸어나간다고 생각하기 때문이다.

이제껏 고양이에게 관심이 없던 사람도 지역 고양이들에게 관심을 갖게 된다. 무엇보다도 약자인 고양이들을 위해 열심히 활동하는 지역 어른들의 모습을 보며 자란 아이들은 훗날 반드시 믿음직한 어른으로 성장해나갈 것이다.

요코하마시의 직원이면서 지역 고양이 활동의 발안자인 구로사와 야스시가 저서(『지역 고양이의 권유』)에 밝혔듯이 지역 고양이 활동을 하면 그 결과의 좋고 나쁨에 관계없이 지역 활동이 활성화된다. 그리고 무엇보다 그 지역에서 살아가는 고양이에 대한 인식이 높아지는 부수적인 효과를 거둘 수 있다는 데 큰 의의가 있다.

지역 고양이 활동은 아니지만 나는 이전에 기타큐슈시의 시가지에 사는 고양이 수를 파악하는 실태조사를 약 2년간 자원활동가들과 실시한 적이 있다. 길고양이 문제가 빈발하는 지역이었기에 주민들로부터 민원이 빗발쳐서 조사할 형편도 못 되는 게 아닌가 하고 내심 조마조마하면서 시작했다. 하지만 실상은 정반대였다.

자원활동가나 내가 이마에 구슬땀을 흘리며 지역 내 골목길을 다니는 모습을 보고 많은 주민들이 고양이에 관한 정보를 제공해주었고 집 주위에 고양이 쫓는 기계를 설치해서 집을 마치 요새처럼 해놓고 사는 사람도 우리 조사를 격려해주었다. 또 어떤 사람은 매주 우리가 오기를 기다렸다가 그동안 수집한 정보를 종이에 적어서 건네주기도 했다.

방과 후 집에 돌아가는 아이들도 우리 활동에 흥미진진해하며 우리를 따라왔다. 내가 고양이 얼굴을 식별하는 카드를 주면 아이들은 기꺼이 카드에 고양이를 기입하고 집에 가서 우리 조사에 관해 이야기하곤 했다.

실태조사를 통해 지역 주민들과 대화를 나누며 알게 된 사실은 고양이가 좋고 싫음을 떠나서 모든 사람들이 고양이가 헛되이 살처분되는 것만큼은 어떻게든 막아야 한다고 생각한다는 것이다. 세상이 아직 살만하지 않은가?

이 공통된 견해를 기반으로 다양한 입장을 지닌 지역 주민들과 연계하면서 지역 고양이 활동을 전개해나갈 수 있다면 인간과 고양이가 평화롭게 공존하는 사회도 터무니없는 바람은 아닐 것이다.

불행한 고양이를 없애고 인간과 고양이가 평화롭게 공존하는 것을 목표로 하는 지역 고양이 활동은 아직 모색 단계이지만 앞으로 많은 사람들이 현장에서 시행착오를 되풀이할수록 이상에 더욱 가까운 형태를 이루어나가리라고 기대한다. 독자 여러분도 부디 여러분이 사는 곳에서 지역 고양이 활동에 협력해주기를 간절히 바란다.

공존하기
위해서는
어떻게 해야 할까?

고양이의 살처분을 막고 아이노시마나 혹은 예전의 일본처럼 사람과 고양이가 사이좋게 살아갈 수 있는 사회를 만들어가려면 어떻게 해야 할까? 물론 지역 고양이 활동이 이런 이상적인 모습으로 다가가는 방법 중 하나이다.

나는 지역 고양이 활동과 조금 다른 방법도 있지 않을까 생각한다. 방법이 다르더라도 지역 고양이 활동과 상반되는 것은 아니다. 지향하는 바는 같다. 다만 오해를 무릅쓰고 말하자면, 지역 고양이 활동이 서양의학의 대증요법 같은 것이라면 내가 생각하는 방법은 동양의학의 원인요법에 가까울 듯하다. 현재의 의료가 그렇듯이 양자를 조화롭게 융합하면 문제 해결에 더 가까이 다가갈 수 있지 않을까?

내가 고양이와 인간이 공존하는 이상사회를 생각할 때 언제나 머리에 떠오르는 모습은 아이노시마의 길고양이들이다. 섬 뒷골목에서 완전히 무방비한 모습과 천진난만한 표정으로 정신없이 잠을 자고 있는 길고양이들. 해 질 녘 느릿느릿 바닷가를 거니는 노묘. 암고양이 3세대가 같은 생선 상자 속에서 한데 뭉쳐서 잠들어 있는 모습.

길고양이들은 인간의 거주지역에 살아가면서도 어디까지나 자기 방식대로 유유자적 하루하루를 보낸다. 그 모습은 언제나 긴장하고 무서워하는 듯한 도시의 길고양이와는 달라 보인다.

섬의 길고양이들은 섬사람이 버린 생선 찌꺼기 따위의 쓰레기를 먹이로 삼는다. 길고양이가 썩기 쉬운 생선 쓰레기를 바로바로 먹어주기에 실은 섬사람들도 도움을 받고 있는 셈이다.

섬사람들은 도시에서 흔히 하는 것처럼 일부러 돈을 들여 캣푸드를 사서 길고양이에게 주지는 않는다. 인간의 돈은 인간의 생활을 위해 쓰는 것이기 때문이다. 섬사람들은 길고양이와 같은 집락 안에 함께 살면서도 '사람'은 '사람', '고양이'는 '고양이'라는 적당한 거리감을 유지하며 생활하고 있다.

섬에서 버려지는 생선 쓰레기의 양이 정해져 있기에 조달 가능한 먹이 양 이상으로 길고양이가 증가하지는 않는다. 성묘의 체중도 수컷이 약 $4kg$, 암컷은 약 $3kg$이다. 이 체중은 뚱뚱하지도 않고 마르지도 않은 수준이다. 수컷과 암컷 모두 몸이 아주 단단해 보인다.

대부분의 암컷은 기껏해야 일 년에 한 번 번식한다. 도시지역에서처럼 영양 과다인 길고양이 암컷이 일 년에 몇 번씩 새끼 고양이를 낳고 살처분 대상이 되지도 않는다.

　섬에서 새끼 고양이가 태어나도 많은 수가 죽는데 젊은 고양이 시기까지 죽지 않고 살아남으면 성묘에 이르는 티켓을 얻게 된다. 집고양이에 비해 혹독해 보이지만 이는 많은 야생동물에게 공통된 자연의 이치이다.

　바다의 대자연에 목숨을 맡기고 고기잡이를 하며 살아가는 섬사람들은 이를 잘 이해하고 있다. 길고양이의 생사나 '고양이의 생존 방식'에까지 손을 내밀어 관여하지는 않는 것이다. 그것은 고양이의 이치이지 인간의 이치가 아니기 때문이다.

　목조선 시절 고양이는 섬사람들에게 어선에 구멍을 뚫는 쥐를 잡는 소중한 존재였다. 쥐를 잡는 역할이 없어진 오늘날에도 고양이는 인간의 곁에 있는 당연한 존재로서 섬사람들의 생활 속에 녹아 있다. 공기 같은 존재라고 할 수도 있겠다. 섬에서 나고 자란 사람에게는 길고양이가 어릴 적부터 늘 곁에 있는 존재였기에 오히려 주위에 길고양이가 없는 생활을 상상할 수 없을지도 모른다.

　길고양이가 많이 살고 있는 아이노시마에서도 물론 분뇨 냄새 등 길고양이에 의한 단점이 없지 않고 발정기에는 발정한 수컷이 밤새도록 계속 울어대는 바람에 잠을 이룰 수 없다는 의견도 조사 중에 많이 있었다. 그러나 섬사람들은 길고양이를 섬에서 배제하려고 하지 않는다.

또 어떤 해에는 큰 먹이 장소에서 많은 새끼 고양이가 한꺼번에 태어나기도 한다. 그러나 섬사람들이 행정 당국에 살처분을 의뢰했다는 이야기를 나는 들어본 적이 없다.

힌트는
과거 일본 사회에
있다

아이노시마의 '사람'과 '고양이' 사회는 예전의 일본 사회와 어딘지 닮은 점이 있다. 과거 일본인은 지금처럼 물건이 넘쳐나는 편리한 생활을 누리지 못했다. 고도성장기 전후까지 서민의 삶은 소박하고 하루하루 겨우 먹고사는 정도였다. 그런 상황에서 집고양이를 위한 먹이를 특별히 따로 마련할 수는 없었다. 그리고 일부러 돈을 써서까지 길고양이에게 먹이를 사다 주는 것은 그 시절에는 생각조차 할 수 없었다.

또 지역사회 안에서 이웃 간의 관계를 소중히 여기고 함께 의지하면서 생활했다. 상부상조 없이는 살아나갈 수 없었던 것이다.

나는 세 살 무렵까지 효고현 니시노미야시에서 살았다. 부모가 맞

벌이를 했기에 바쁠 때는 근처 상점가의 쌀가게와 채소가게 중년부부가 나를 돌봐주었는데 밥을 챙겨주고 목욕도 시켜주곤 했다. 이들은 친척도 아니었고 그저 근처에 사는 젊은 부부인 내 부모가 힘들어 보였기에 호의로 도와주었을 뿐이다.

이처럼 지역사회에서 주민끼리 서로 돕는 것은 예전의 일본 어디서나 볼 수 있던 광경이다. 그런 사회에서는 이웃을 항상 배려하며 생활하기에 이웃에게 민폐가 되는 일을 삼갔고 반대로 얼마쯤은 서로 관용을 베풀며 지냈다.

물질적으로는 풍요롭지 않아도 서로 돕고 살던 시절에는 오늘날처럼 고양이와 관련한 민원도 없고 길고양이도 늘어나지 않고 그러니 살처분할 필요도 없었을 것이다. 또 고양이에게 너무 많은 먹이를 주며 적적함을 달래는 고독한 고령자도 없지 않았을까?

나는 현재 도시지역에 빈발하는 길고양이 문제를 해결할 실마리와 앞으로의 사회에서 사람과 고양이의 자연스러운 공존 방식에 대한 힌트가, 아이노시마에서 사람과 고양이가 공존하는 생활과 예전의 일본 사회 안에 담겨 있다고 생각한다.

물론 섬의 생활환경이나 생활습관은 도시지역과 너무나 달라서 그대로 적용할 수는 없다. 또 현재의 물질적으로 풍요롭고 편리한 생활에서 예전의 일본 생활로 역행할 수도 없는 일이다.

하지만 아이노시마처럼 사람과 고양이가 서로의 존재를 인정하되 적당한 거리를 유지하면서 공존하는 것은 가능하다. 또 예전의 일본처럼 지역주민들이 서로를 배려하고 협력하는 사회로 돌아가는 것도 조금 시간이 걸릴지 모르지만 그렇게 어려운 일은 아니지 않을까?

오늘날의 물질적으로 풍요롭고 편리한 세상에서는 돈만 있으면 쾌적하고 자유로운 생활을 만끽할 수 있다. 그러나 한편으로는 지역주민과 접촉이 없어도 생활할 수 있기 때문에 자칫 모든 것을 자기중심으로 바라보기 쉽고 이웃에 대한 배려와 관용도 사라지고 있다.

또 사람들의 교류가 희박한 지역사회에서는 고독한 사람이나 외로운 나날을 보내는 고령자가 늘어나고 있고 이들에게 말을 걸어주던 상점가도 마을에서 사라지고 있다.

바로 이런 상황이 고양이를 둘러싼 여러 문제를 초래하는 원인이 되는 듯하다. 예전처럼 가난하고 불편한 생활로 돌아갈 필요는 없지만 서로 돕고 배려하는 사회를 회복할 수 있다면 사람은 물론 고양이도 살아가기 쉬운 사회, 그리고 양자가 사이좋게 공존할 수 있는 사회를 실현할 수 있지 않을까? 나는 그렇게 생각한다.

고양이를 둘러싼 문제는 인간 사회 전체의 존재방식을 되돌아보지 않으면 해결할 수 없다. 고양이는 1만 년 전부터 지금까지 거의 아무것도 변하지 않았지만 크게 변한 것은 우리 인간이기 때문이다.

고양이 전시회에
담은 메시지

　나는 현재 박물관에서 학예원으로 일하고 있어서 때때로 특별전을 기획하고 진행하곤 한다. 2014년 봄에는 '온통 고양이전展'이라는 특별전을 열었다. 그럭저럭 5년 전부터 구상해온 것이다.

　고양이를 주제로 한 전시회는 일본 각지의 미술관이나 박물관, 백화점 그리고 크고 작은 갤러리 등에서도 열리고 있다. 이들 전시는 대개 우타가와 구니요시의 '우키요에' 등 회화를 중심으로 한 것이라든지, 작가가 만든 고양이를 모티브로 한 상품의 전시·판매전이라든지, 또 다양한 품종의 살아 있는 고양이를 전시하는 이벤트들이다.

　얼마 전에는 세계적으로 유명한 동물사진가인 이와고 미쓰아키의 고양이 사진전이 백화점 특설전시장에서 열려 인기를 모았다.

'온통 고양이전展'은 이제까지와 조금 다른 각도에서 고양이를 다루기로 했다.

'온통 고양이전'이므로 박물관에서 소장하고 있는 고양잇과 동물, 사자, 치타, 호랑이 등 박제표본도 다수 전시했지만 내가 가장 주력한 것은 사람과 고양이의 깊은 관계를 이야기하는 다종 다양한 자료를 전시하는 것이었다. 전시 아이템의 거의 대부분을 일본 전국의 수집가와 대학, 출판사로부터 빌려왔다.

5년에 걸친 준비기간 덕분에 전국의 수많은 고양이 관계자와 네트워크를 구축하였고 많은 사람들로부터 협력을 얻을 수 있었다. 그중 몇몇 전시 코너를 여기에 소개한다.

나고야에 거주하는 마네키네코 수집가인 노리타케 히로카즈則武広和에게서는 일본 전역에서 모은 약 170점의 마네키네코*를 빌렸다(자택에 400점 정도 있다고 한다).

나는 여태껏 마네키네코는 어느 지역에서나 같다고 생각해왔는데 이는 큰 착각이었다. 고장마다 형태는 물론 고양이의 표정, 색, 무늬까지 각각 달라서 지역별로 나열해보니 그 차이가 뚜렷이 드러났다.

특히 일본 동북 지방의 마네키네코에는 벚꽃이나 매화 등 꽃무늬

※　앞발로 사람을 부르는 시늉을 하고 있는 고양이 장식물: 손님이 많이 오길 바라는 뜻에서 상점 카운터에 많이 둔다.

'온통 고양이 전'에 전시된 마네키네코 인형

가 그려진, 색상이 다채로운 것이 많이 눈에 띈다. 노리타케는 이에 대해 눈이 많이 내리는 이 지역 특성상 집안에서 지내는 시간이 많은 이곳 사람들이 봄을 고대하는 마음을 표현한 게 아니겠느냐고 해석한다.

또 동북 지역에서는 고양이가 도미를 끌어안고 있거나 타고 있는 것, 혹은 입에 물고 있는 형태의 마네키네코도 많이 볼 수 있다.

그리고 나는 메기를 밟고 있는 오래된 하나마키 인형*의 마네키네코를 보았을 때 거기에 담긴 의미를 생각하고 문득 말문이 막혔다. 메기가 날뛰면 지진이 일어난다고 믿었던 시대에 마네키네코가 메기를 밟아서 그 난동을, 즉 지진을 봉인하고 있었던 것이다. 예로부터 일본 동북 지역에서는 반복적으로 지진에 의한 쓰나미로 많은 사람들이 목숨을 잃어왔기 때문이다.

이처럼 마네키네코에는 각 지역 사람들의 마음과 바람이 담겨 있다. 이런 사례는 고양이 외의 동물에서는 별로 눈에 띄지 않는다. 고양이라는 생물은 예로부터 사람들에게 친근하고 또 특별한 존재였을 것이다.

일본 각지에서 다양한 형태로 퍼져 있는 마네키네코는 예로부터

※　이와테현 하나마키시에서 만드는 흙으로 구운 인형

이어져온 사람과 고양이의 깊은 관계를 보여주는 일례이다.

도쿄에 거주하는 가토 유타카加藤 豊는 메이지·다이쇼 시대부터 만들어진 성냥갑 상표를 수만 점이나 수집하고 있는데, 그중 고양이 디자인의 성냥갑 상표만 약 200점을 그에게 빌려 전시했다. 나도 이번 전시를 통해 알았지만 일본 메이지 시대의 주요 해외 수출품은 생사生絲와 차, 성냥이었다고 한다.

"Made in Japan"이라는 문자가 들어간 당시 수출용 성냥갑 상표 그림을 보면 일본인 특유의 섬세함과 그 시대 사람들의 대범하면서도 세계를 응시하는 기개마저 엿보인다.

예를 들어 고양이가 탄 인력거를 쥐가 끌고 있는 그림, 서양산 양산을 쓰고 있는 하이칼라 고양이, 고양이가 다다미방에서 샤미센*을 켜고 개가 춤추는 모습 등이 그려져 있어서 고양이를 통해서 당시 사회 분위기와 사람들의 생활상을 알 수 있다.

또 제2차 세계대전이 일어나기 전후에 술집이나 카페 등에서 가게 홍보용으로 손님들에게 나누어주었던 성냥갑 그림 속 고양이는 어딘지 모르게 네온이 빛나는 밤거리의 야릇한 분위기를 띤다.

＊ 일본의 가장 대표적인 현악기로 목이 길고 줄받이가 없는 3현으로 되어 있고, 민요의 반주나 대부분의 근세 일본 음악 연주에 사용된다. 몸통의 가죽은 본래 고양이의 뱃가죽을 사용했으나, 생산량 감소로 현재는 주로 개의 가죽이나 인조가죽을 사용한다.

외국의 성냥갑 상표는 나라마다 고양이 디자인이 다양했는데 고양이 모습을 통해서 그 나라의 국민성 같은 것도 전해진다.

내가 '온통 고양이전'에서 가장 전시하고 싶었던 자료 중 하나는 에도 시대에 그려진 쥐 퇴치용 고양이 그림이었다. 닛타 이와마쓰新田岩松家의 역대 영주가 그린 고양이 그림을 소장처인 군마대학에서 빌려왔다.

에도 시대에 고양이는 쥐를 잡는 동물로 매우 귀하게 여겨졌지만 그 수가 부족해서 대신 쥐를 쫓을 목적으로 화가가 그린 고양이 그림을 벽에 붙이곤 했다. 특히 북부 간토 지역 농가에서는 양잠이 성행했는데 누에를 습격하는 쥐를 쫓아줄 고양이가 필요했다.

그러나 지금처럼 고단백·고칼로리인 양질의 캣푸드 같은 게 있을리 만무한 에도 시대에 기껏해야 된장국에 밥을 만 '고양이 맘마'만으로는 고양이가 새끼를 많이 낳을 수 없었다. 당시 고양이는 '말 1냥에 고양이 5냥'이라고 했을 정도로 사람들에게 매우 귀한 생물이었던 것이다.

시대와 더불어 생활이 너무나 변했다지만 연간 10만 마리가 넘는 고양이가 골칫거리로 살처분되는 현재의 상황이 얼마나 비정상적인가는 이처럼 역사를 되돌아보더라도 명백하다.

그 밖의 전시품 면면을 소개하면 다음과 같다. 우타가와 구니요시를 비롯한 화가들이 그린 우키요에들 중 고양이가 들어 있는 그림,

고양이를 소재로 한 인기 만화 〈고양이 화가 주베의 기묘한 이야기〉의 원화, 고양이가 디자인된 LP 레코드 재킷, 일본 최초의 고양이 관련 책방『와가하이도』점주인 오쿠보 미야코가 내놓은 고양이 아트북, 부국강묘富國强猫를 내건 '고양이 신문' 등 약 600점이다. 이들 모두 사람과 고양이의 깊은 관계를 보여주는 자료들이다.

또 지역 고양이 활동은 아니지만 '나가사키 마을 고양이 조사대 교실' 활동도 전시에서 소개했다. 내가 모임 리더인 나카지마 유미코와 처음 만난 것은 2010년 나가사키의 한 강연회에서였다. 나는 강연에서 아이노시마의 길고양이 조사 경과와 당시 막 시작한 규슈 북부 지역의 길고양이 조사활동에 관해 이야기했다.

이 강연회장에서 머리를 거듭 끄덕이며 열심히 내 이야기를 들어주던 사람이 있었는데 그가 바로 나카지마였다. 그때 나는 '평화의 마을 나가사키에서 불행한 고양이를 없애려면 어떻게 하면 좋을까?'라는 나카지마의 질문에 아무 대답도 할 수 없었다.

그 후 나카지마 일행은 '나가사키의 마을 고양이 조사대 교실'을 결성하고 사람과 고양이의 더 나은 관계를 목표로 회원들과 다양한 활동을 펼치고 있다. 이 모임 회원들은 나가사키시에 사는 마을 고양이 조사를 시작으로 사진전, 워크숍, '나가사키 마을 고양이 핸드북' 발행 등 독창적인 활동을 폭넓게 전개하고 있다. 이처럼 시민이 중심이 된 활동이 서서히 전체 시민의식을 바꾸어나갈 것으로 기대한다.

내가 '온통 고양이전'에서 전하고자 한 메시지는 고양이라는 생물이 예로부터 일본인의 생활과 문화, 그리고 예술에 이토록 깊이 관여해왔음을 알리는 것이었다. 그리고 지금도 같은 사회에서 살고 있는 사람과 고양이의 미래에 대해서, 그리고 서로의 행복에 대해서 생각하는 계기가 되었으면 하는 바람이다.

'온통 고양이전'은 대성황을 이루어 본 박물관(기타큐슈 시립 자연사·역사박물관)의 역대 봄 특별전 기록을 크게 갈아치웠다. 여성을 중심으로 5만 4,000명이 넘는 관람객이 찾아주었다. 역시 고양이는 위대하다고 할 만하다.

집고양이는 오직
실내에서 키우는 게 좋을까?

현재 도시에서 고양이를 키울 경우에는 오직 실내 사육이 권장된다. 집 안에서 집고양이를 한 발짝도 밖에 나가지 못하게 하는 사육방식이다. 밖에 나가지 않으면 교통사고도 당하지 않고 고양이 간의 싸움으로 다치거나 병을 옮을 위험도 없다.

펫푸드협회 조사 결과에 따르면 집 밖에 나가지 않는 집고양이는 밖에 나다니는 집고양이에 비해 3년 정도 더 오래 산다고 한다.

또 집고양이를 집 밖으로 나가게 하면 고양이가 날뛰는 행위나 분뇨 냄새 등을 둘러싸고 이웃과의 분쟁이 발생하기도 한다.

집고양이가 한 번 집 밖의 세계에 눈떠 흥미를 갖게 되면 자주 탈주를 시도한다. 이를 방지하기 위해 새끼 고양이가 태어나자마자부터 바깥 세계를 보여주지 않고 완전히 격리시켜 기르는 사육법을 권장하는 것이다.

나는 길고양이의 짧고 굵은 일생만을 보아왔기 때문인지 바깥 세계가 분명 위험하긴 하지만 집안에서는 누릴 수 없는 종류의 큰 자유도 있다고 생각한다.

과거에는 어느 집고양이든지 자유롭게 밖으로 나다녔다. 만약 교통사고의 위험이 적고 예전처럼 고양이 때문에 생기는 불편을 어느 정도 받아들이는 지역사회라면, 그리고 만일의 상황이 생겼을 때 주인이 확실하게 책임질 각오가 되어 있다면 집고양이가 집 밖을 돌아다니게 해줘도 좋지 않을까 하는 것이 내 개인적인 견해이다.

〈사자에 씨〉를 보면 고양이 '타마'가 담장 위에서 한가롭게 낮잠을 자는 모습이 나오고 이소노 가족을 둘러싼 이웃과의 관계와 마을 전체의 분위기가 따스하게 전해진다. 나는 이런 풍경이 과거 일본 지역사회의 정감 넘치는 장면이자 더 나아가 자부심을 가져야 할 멋진 모습이라고 생각한다.

고양이 생태학자가 7년간의 현장조사로 밝혀낸
고양이의 일생과 생존방식

고양이 생태의 비밀

초판 1쇄 인쇄 2019년 3월 27일
초판 1쇄 발행 2019년 4월 3일

지은이 야마네 아키히로
옮긴이 홍주영

발행인 양문형
펴낸곳 끌레마
등록번호 제313-2008-31호
주소 서울시 종로구 대학로 14길 21 (혜화동) 민재빌딩 4층
전화 02-3142-2887   팩스 02-3142-4006
이메일 yhtak@clema.co.kr

ISBN 979-11-89497-02-6 (03490)

이 도서의 국립중앙도서관 출판예정도서목록(CIP)은 서지정보유통지원시스템
홈페이지(http://seoji.nl.go.kr)와 국가자료공동목록시스템(http://www.nl.go.kr/kolisnet)에서
이용하실 수 있습니다.(CIP제어번호: CIP2019007839)